Technology and Everyday

技术与日常

大都市中的小实践

胡兴 著

华中科技大学出版社
http://press.hust.edu.cn
中国·武汉

内 容 简 介

本书从建筑学的角度思考城市日常生活与日常空间的营造，在形式上分"非正规性""日常基础设施""新媒介"三个主题，围绕十二个实践项目案例展开叙事，从不同的维度去探讨本书主题。

图书在版编目(CIP)数据

技术与日常：大都市中的小实践 / 胡兴著. -- 武汉：华中科技大学出版社, 2025. 5. -- ISBN 978-7-5772-1765-9

Ⅰ. TU984.11

中国国家版本馆CIP数据核字第2025CA6584号

技术与日常：大都市中的小实践　　　　　　　　　　　胡 兴 著
JISHU YU RICHANG：DADUSHI ZHONG DE XIAOSHIJIAN

策划编辑：易彩萍	责任监印：朱 玢
责任编辑：易彩萍	封面设计：胡 兴
出版发行：华中科技大学出版社（中国·武汉）	电　话：(027) 81321913
地　　址：武汉市东湖新技术开发区华工科技园	邮编：430223

印　　刷：湖北金港彩印有限公司
开　　本：880 mm×1230 mm　1/32
印　　张：8.25
字　　数：201千字
版　　次：2025年5月第1版第1次印刷
定　　价：98.00元

投稿热线：(010)64155588-8000
本书若有印装质量问题，请向出版社营销中心调换
全国免费服务热线：400-6679-118　竭诚为您服务
版权所有　侵权必究

序

李保峰：摆脱规训

40多年前我们接受的是宏大叙事的教育，当时国家刚刚摆脱"文化大革命"的阴霾，贫困的社会百废待兴，国家需要大建设、大发展。我们意气风发，立志要干一番伟大的事业。那时的教育有着非常清晰的边界，我们的专业叫作建筑学，城市规划、风景园林设计不是我们干的事情。多年的规训使得我们产生了惰性，这惰性往好里说是规则意识，往坏里说是头脑僵化：我们不会去质疑那些既有的明规则和潜规则。

人类受制于自己所受的教育，很难超越自己的认知。20世纪初，苏联作家扎米亚京的著作《我们》中的男主角D-503号，做了灵魂摘除术后，主体意识由第一人称单数变成了复数，没了自我，没了个性，"我们思故我们在"，"我们"生活在"幸福"的世界。这似乎就是我们这代人的影子。多年之后，接受集体主义教育多年的我们发现了社会的变化：胡兴这批年轻建筑师并不盲从于宏大叙事，他们更关注都市日常，他们也不会受类似"新中式""荆楚风"之类缺乏清晰定义之名词的蛊惑，糊里糊涂地去跟风。对他们来说，专业或行业的边界不必划分得那么清晰，他们既关注都市，又做建筑设计，既做景观设计，也做室内设计，有时其设计对象甚至介于建筑与艺术装置之间。轻松的态度、自由的手法、出其不意的材料，乍看让人感到意料之外，细想却又在情理之中。尤其是，他们所谓的"规则意识"不太强，这貌似是缺点，但我觉得，从另外一面来看，这正是一种可贵的批判性思维，他们质疑规则：在不伤害公众利益、不违反道德的前提下，能不能在某种程度上突破某些规则的制约？不同规则的制约必然导致不同的结果。

行业下行，逼着建筑师思考行业的新突破口，打破专业的边界恐是一种可能。胡兴在行业尚繁盛之时即开始了跨界的尝试，当时或许是受其社会资源所制约，但这制约却孕育出了新的可能性。对于习惯思考的大脑，制约有可能被转化为一种积极的力量。

最近胡兴在《建筑师》上发表的文章《城市设计之魅："乱糟糟"的日常》，从文化史的角度看待城市与建筑。亨利·列斐伏尔《被蒙蔽的良知》《日常生活批判》《现代世界的日常生活》《日常和日常性》《空间的生产》等晦涩难懂的著作，涉及稳定与永恒、短暂与不确定、边缘与中心、技术理性与资本逻辑、多样性与同一性、社会的系统性与公众的自发性、官僚政治与消费主义等建筑师虽然感兴趣，但却"啃"不动的诸多理论，胡兴能深入浅出地将这些理论娓娓道来，说明这些理论已经在他的头脑中形成了清晰的价值观，而本书中收入的12个实践项目，展示了其知行合一的思考与实践。习惯于形象思维的建筑师若能从他的实践中反思那些艰深的理论，或许也不失为一种"还原学习法"。

源自人类学的"phonetic"一词,意指规范的书面语言(简称 etic),而"phonemic"则指不规范的口头语言(简称 emic)。几十年来,柯布西耶的设计作品俨然已经成为建筑界 etic 的判断标准,但若回顾历史,我们发现在 20 世纪初,先在瑞士小镇拉绍德封学习钟表雕刻技术,后去欧洲各处游学的年轻柯布西耶受到的恰恰是 emic 的影响。由边缘到中心,对于善于批判性思考、能够与时俱进的学者来说,是一个流动的过程,绝非"非黑即白"那么僵化、固化。胡兴的设计作品明显兼受 etic 和 emic 的影响,这既反映了他作为建筑师的灵活性,也反映了他乐于接地气的态度。

19 世纪初,德国人洪堡提出了研究型大学的理念,这一理念逐步改变了传统大学传授知识的单一使命,100 多年来,研究型大学成为世界各国优秀大学的基本定位。但设计类学科的研究与通常意义上的理科、文科的研究并不相同。狭义的研究是描述型的(descriptive),它关注"知"(类似做检查),强调客观性、可重复性和可验证性,而设计类学科往往要兼具指导性(prescriptiveness),它强调"行"(类似开处方),具有一定的主观性和任意性。近些年来,在科研指挥棒的导向下,研究型大学内设计类学科的研究越来越倚重描述型,源自自然科学之量化方法的价值被夸大和绝对化,本非百分百科学的建筑学科却要硬被披上科学的外衣,这造成了研究与设计的"不兼容","研究型设计"堕落成了"研究与设计在灵魂上分离的设计"。我高兴地看到,这些年来胡兴非常自信地坚持 prescriptive 方法,这种定力源自对设计行业特征的透彻理解。

先秦荀子的《劝学》有言:不积跬步,无以至千里;不积小流,无以成江海。胡兴已经由"跬步"转入千里之行,本书中的 12 个作品犹如巴颜喀拉山北麓汇集的涓涓细流，千里之外，这些细流就会形成咆哮的壶口瀑布，再行千里则可汇入浩瀚的大海！

  小卒子勇往直前，过了河就可以在更广阔的天地里跃马扬鞭，纵横驰骋！期待胡兴建筑师有更多的好作品问世！

华中科技大学建筑与城市规划学院教授、博导
《新建筑》杂志社社长
2024年10月25日

关注公众号　关注小红书

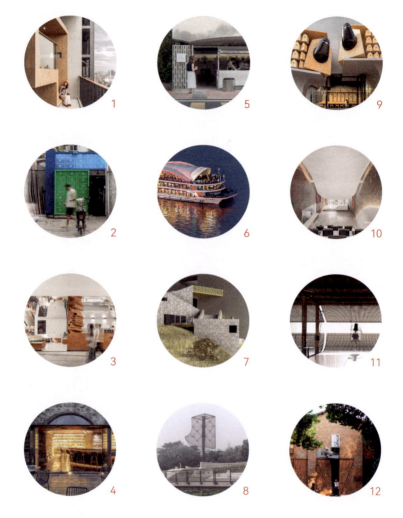

目录

Ⅰ 非正规性

1 | 阳台 12

2 | 摊贩 32

3 | 台阶 52

4 | 洞子 72

Ⅱ 日常基础设施

5 | 堤坝 94

6 | 轮渡 114

7 | 梯道 134

8 | 河岸 154

Ⅲ 新媒介

9 | 鸟巢 176

10 | 屏幕 196

11 | 秋千 216

12 | 厂房 234

跋 255

主题	案例
非正规性 informal	月河对影 ： 重庆"界归"民宿
	即兴占道 ： 武汉"签签汇"串串店
	阶底橱窗 ： 武汉"卡梅拉"蛋糕店
	洞洞酒肆 ： 重庆"几许町"酒吧
日常基础设施 everyday infrastructure	堤下明灯 ： 武汉"无艺术"书店
	长江之帆 ： 武汉"两江盘龙"号游船
	依依千步 ： 巴东"学堂街"千步梯
	皮纸灯笼 ： 龙游"起风了"河道护岸
新媒介 new media	小鸟鸣秋 ： 武汉"吱丘"拉面馆
	举目垂屏 ： 重庆"界归"办公室
	山间荡漾 ： 长沙"星所"民宿＆雷山"FA公社"
	石驹过隙 ： 武汉"东通菜园"当代艺术馆

对 谈

徐好好 + 胡兴： "阳台研究"是一种什么样的工作

蔡佳秀 + 胡兴： 不同尺度下的空间与时间

白晓霞 + 胡兴： 城市里的一种美好邂逅

李 伟 + 胡兴： 院子中心的黄桷树

周 卫 + 胡兴： "活着的"工业遗产＆巨构的城市边界

沈劲夫 + 胡兴： 一只漂浮的大球鞋

王 振 + 胡兴： 作为一种学科的基础设施建筑学

范久江 + 胡兴： 基础设施与"基础设施感"

张 波 + 胡兴： 信息时代的"建言建语"

言 语 + 胡兴： 班纳姆的泡泡缺个屏幕

何 靓 + 胡兴： 让这个乡村荡漾起来

郝少波 + 胡兴： 历史遗存中的时代精神

非正规性
informal

月河对影：重庆"界归"民宿
即兴占道：武汉"签签汇"串串店
阶底橱窗：武汉"卡梅拉"蛋糕店
洞洞酒肆：重庆"几许町"酒吧

I

现代建筑设计和城市规划，有一种先天性的规训机制，它们无法避免地追求井井有条，建立某种秩序，自上而下地去抹平个体，以求取最大公约数。然而生活的本质是无序和琐碎，这些矛盾生动地体现在使用者对城市空间自发的错位使用和修改上。这些自发行为事实上更加贴近生活本身，因此有必要通过研究这些矛盾来不断修正我们的认识。

　　非正规的公共空间，就是城市空间与日常生活之间相互对抗、妥协或融合的典型产物。此类公共空间往往是空置的、边缘的、废弃的以及未被充分使用的城市基础设施和功能空间。相对于由政府管理和制约、由专业人员规划与设计的正规公共空间，非正规公共空间反映的是城市居民在日常生活中的种种自发行为与个体实践。

　　在日常生活中，居民自发地为多种多样的实践寻找着地点。不同的公共空间被使用者在这样或那样的关系下私有化，它们无固定形态、边界模糊、临时且多变，但其关联度会在重复或再次见面的过程中不断增强。伴随着时间的流逝，实践者就创造出了一种生活节奏，公共空间也因此获得了更加多元和丰富的意义。

　　我们对非正规公共空间的关注，是为了观察和记录"日常生活中昙花一现的、无名英雄发明的无数新奇玩意儿……然而他们的品位却往往在整个系统中遭到蔑视，技术专家的品位则受到优待吹捧"。[1]

　　事实上，当居住者按照自己的意愿使用和占据城市空间的时候，审美和创造就随之发生了，非正规公共空间也就成为一个个不断增加诗情画意的巨大纪录场。而当这些朴素而精彩的日常智慧与美学价值反哺于当代设计时，作为一种设计驱动力，它将拥有创造全新空间秩序的潜力。

---

[1] CERTEAU M. The practice of everyday life[M]. Berkeley: University of Minnesota Press, 1998.

技术与日常　　　　　　　　　　　　大都市中的小实践

1 阳台

月河对影：重庆"界归"民宿

设计团队 / 胡兴，余凯，刘常明，李阳，黄尤佳，肖磊，贵溥健，王志铮
建筑技术设计合作单位 / 得森设计
建筑技术设计团队 / 李哲，陈昀飞，沈一方
业主 / 界归（重庆）酒店管理有限公司
项目地址 / 重庆市南岸区聚丰·江山天下
竣工时间 / 2019 年 5 月
建筑面积 / 233 平方米

技术与日常　　　　　　　　　　　　　　　　大都市中的小实践

通高6米的临江阳台

改造前　　　　　　　　　　　　　　　　　　改造后

非正规性

1 阳台

阳台

老人们讲，两江交汇之处是一个城市的丹田所在。

在长江、嘉陵江交汇的朝天门，个性张扬的"来福士"拔地而起，傲视两江。而在它的对岸，无数的江景民宿已打扮妥当，争相在这"朝天扬帆"的盛景前合影：不同的装修与摄影风格，不变的是窗外"来福士"那魔幻的施工现场，它们都是"Airbnb"上最夺目的定妆照。

虽然是一个室内设计项目，但它显然构成了一种城市界面。

项目位于一处临江小区的25楼，面向朝天门有极佳的观赏角度。从外部观看，小区的房间有局部跃层的处理，形成通高6米的开放式阳台，物业对建筑外立面并不加以控制，这给了住户很大的发挥空间。这里既有设计师的奇思妙想，也有住户的随心所欲：有的封闭起阳台，有的添置了夹层，有的改造成花园……不同的结构形式、材料与色彩争奇斗艳，整个小区似乎重现了柯布西耶的阿尔及尔市Obus规划，是一个可容纳多样化表达和二次设计的基础结构。

改造

小区的户型为一梯两户，每户三室两厅两卫，共233平方米，其中客厅部分通高6米。业主买下整个25层用于民宿经营，综合考虑现有的管线位置和房间面积，将除餐厅外的部分改造为7间客房（其中1间为跃层）。

得益于江景房的先天优势，这里既有面宽12米的转角落地窗，也有通高6米的临江阳台，景观资源可以用"横轴"和"竖轴"的方式引入，我们需要做的仅是拆除多余的隔墙来充分发挥这一优势。为了提升民宿的入户体验,我们选择仅保留一个入户门,将两间餐厅打通形成一个近 40 平方米的公区,置入吧台和早餐厅的功能,并在公区正中间设置一张长桌,以避免入户后漫无目的的流线,引导住客绕场一周后再进入自己的房间,以期能够在方寸间创造出节奏上的变化。

狂欢

更大的设计热情被投放在了通高的阳台上面。

我们想加入这样一场无名英雄们的阳台大狂欢。

就像很多住户所选择的那样,我们把通往夹层的楼梯放在了阳台上。作为室内与城市之间的界面,它,是一个有厚度的界面,或者反过来说,是一个很薄的建筑。我们希望把在这里上上下下、进进出出的人和行为都暴露出来,成为立面上的元素。就像拼俄罗斯方块一样,在里面组织各种潜在的身体姿势:坐着、躺着、走着、站着,甚至还放了一个室外的浴缸。

在空间逻辑上,这样一个有厚度的界面,很像纽约老公寓正立面上加的那一层消防楼梯。这个项目之所以叫"月河对影",也是因为这个阳台上的场景,让大家想到了电影《蒂凡尼的早餐》中,奥黛丽·赫本倚在消防楼梯上拨弦清唱 *Moon River* 的画面。

当然,我们最感兴趣的还是它所形成的立面,一种完全的个体表达,却可以成为城市公共界面的一部分。我们会看到,通过阳台,巨大住宅楼所规定下来的秩序和每个居民的个体自由,在这个立面上形成了一种平衡。

非正规性　　　　　　　　　　　　1 阳台

《蒂凡尼的早餐》剧照

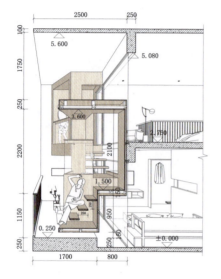
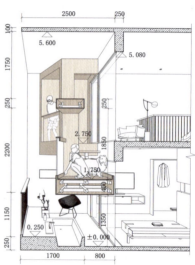

1-1 剖面　　　　　　　　　　　　2-2 剖面

非 正 规 性　　　　　　　　　　　　　　　　　1 阳台

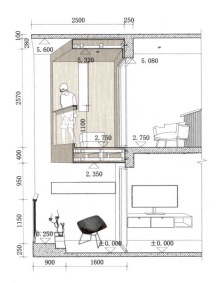

3-3剖面

19

技术与日常　　　　　　　　　　　　　　　　大都市中的小实践

阳台夜景

非正规性　　　　　　　　　　　　1 阳台

休息平台被设计成两个取景框

徐好好 + 胡兴："阳台研究"是一种什么样的工作？

嘉宾简介 / 华南理工大学建筑学院副教授，象城建筑主创建筑师

徐： "阳台研究"是一种什么样的工作？为什么胡老师会抓住"阳台"这个要素，它对房子有什么作用呢？在工作中，您是用怎样的方式来研究阳台的呢？比如容易想到的历史、城市、社会、空间、行为、尺度、建造、物理的方式，还是其他特殊的方式？

胡： 对我来说，阳台首先是社会的。那不勒斯的阳台和开放式楼梯间，就让本雅明读出了不同于现代主义的"松弛"，它们"容纳着随性而为的冲动，让建筑成了大众的舞台"。

另外，包括阳台在内的元素研究，还是设计方法上的。第一次读到库哈斯的 *Elements* 时，我并不认为建筑应该被这么分析，因为建筑是一个互相牵动的整体，任何孤立的元素讨论都不会有意义。

非正规性　　　　　　　　　　　　　　　　　　1 阳台

面向朝天门有极佳的观赏角度

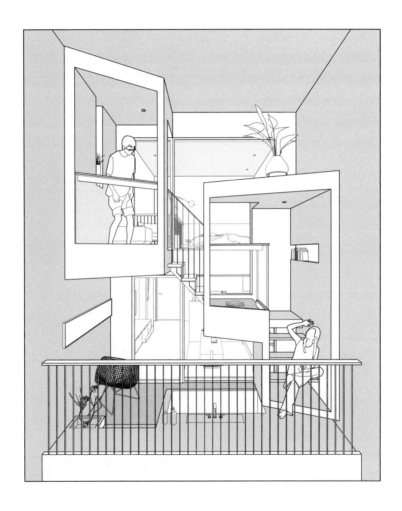

立面细部

直到发现卫夫人给王羲之启蒙用的《笔阵图》中写道"'横'如千里阵云……'点'如高峰坠石……",才意识到原来书法是可以被拆成元素的,而且书圣就是这么练出来的。它的方式也很特殊,读它每一句话,并不是具体的操作步骤,而是一个个很感性的比喻。

徐: "阳台研究"还有后续版本吗?它和您之后的工作方向有关吗?您还选择了其他的建筑要素进行讨论吗?或者说,您觉得建筑研究中有什么要素和阳台类似?因为我自己很感兴趣,我的学生们也在做建筑元素的讨论,所以想听听胡老师的想法。

胡: 元素研究是我一直在持续的一项职业技能训练,比如我的"素材库/灵感库"是按建筑元素分类的,而不是建筑类型,除了阳台,还有院子、廊、门、楼梯、窗、坐具、栏杆……因为王羲之给了我信心。

除了具体的建筑案例图像,我同等地关心文字,举一个精彩的阳台例子:

成都的东郊曾经有一个酒吧。每到晚上9点,酒吧楼上一个高高的阳台就变成一个舞台,有表演的人不时走出来又走回去,约持续一刻钟。往来的行人看热闹,连收了工的民工也会停下脚步,一天的劳累在观看表演时得到缓解。刘家琨觉得这就像是老式挂钟上的小鸟,准点报时。真的很有情趣。

——刘家琨《此时此地》(有改动)

再举一个"有追求"的门的案例:

门,作为多个世界之间转换的装置……门洞的姿态传递了对岸世界的些许信息。对于在文化意识中充分浸淫过的人来说,对岸世界早在穿越之前就已经在想象中建构起来了。而反复穿越的过程,就是想象世界和现实世界的差异游戏。

——吴洪德《一种本土概念建筑的产生:评王欣〈如画观法〉》

作为「闺阁」的阳台个案描述

  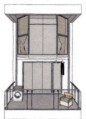 

朝西，30层　　　　朝南，21层　　　　朝南，15层　　　　朝东，14层

底层阳台基本保持原状。夹层外增加弧形阳台，两端与侧墙齐平，中部向外扩大，采用黑色铁艺栏杆。夹层外立面的开口被缩小为一个常规的双开门大小，由此增加的墙面被空调外挂机占据。

底层阳台布置有一套户外桌椅，从陈设来看以休闲娱乐为主。夹层外立面设居中的双开门，在圈梁处挑出小阳台，三面临空，设灯笼形铁艺栏杆。夹层的门框与栏杆喷涂粉红色金属漆，点缀有大量装饰。

底层阳台有较多日常性的陈设，摆放了洗衣机及各种清扫工具，设有固定晒衣架。夹层外依托圈梁与两侧的剪力墙搭建了梯形飘窗，透过玻璃可以看到窗台上摆放的布艺坐垫及靠枕。

底层阳台布置了多个大型盆栽，部分植物冠高接近4米。夹层外有出挑的矩形飘窗，由结构柱支撑，加建的结构部分全部喷涂土黄色墙面漆，飘窗采用透明度较低的茶色玻璃。

作为「后院」的阳台个案描述

朝南，11层　　　　朝南，13层　　　　朝西，32层　　　　朝南，31层

整个底层阳台被木质爬藤架覆盖，工艺精美，是定制的工业化产品。花架、栏杆及地面上均摆放了植物。爬藤架深处设有竹制吊篮。夹层外立面基本保持原状。

底层阳台设有同样的木质爬藤架，但坡度更加平缓，且设置了更大面积的爬藤网格。夹层增设悬挑的小阳台，有较多日常性的陈设，包括洗衣机、固定晒衣架及各类杂物。

底层阳台布置了户外桌椅及盆栽。夹层增设悬挑的小阳台，无家具陈设。夹层小阳台楼板外沿安装的手摇式伸缩遮阳棚，长期处于张开状态，可覆盖底层阳台。

整个阳台区域基本保持原状，底层与夹层之间的圈梁处安装有手摇式伸缩遮阳棚。阳台一角设有饲养大型犬类的木质狗舍。夹层外无其他加建，外立面为窄框落地窗，无开启扇。

非正规性　　　　　　　　　　　　　　　　　　　　　　　　　　　　**1** 阳台

作为「楼梯间」的阳台个案描述

朝东，6层　　　　　　　朝东，20层　　　　　　朝南，21层　　　　　　朝北，13层

该户型的阳台仅一面临空，两侧为剪力墙。图中带阳台的房间被划为独立出租的单身公寓。加建玻璃幕墙将阳台封闭。底层为客厅，夹层为卧室，阳台处挑空，设有爬梯。

夹层外加建与底层同面积的阳台，由结构柱支撑。阳台一侧设置钢构中柱旋转楼梯通往夹层阳台。夹层室内为娱乐室，设有乒乓球桌。

夹层外加建与底层同面积的阳台，由结构柱支撑。加建部分喷涂黄色墙面漆。加建混凝土现浇的转角楼梯，第一跑紧贴阳台一侧，第二跑紧贴立面。

夹层外加建封闭式阳台，由两侧的悬臂梁支撑。紧贴阳台一侧，加建与建筑立面平行的钢构双跑楼梯，其中第一跑靠外，第二跑靠内。

作为「门脸」的阳台个案描述

朝南，17层　　　　　　朝西，28层　　　　　　朝北，9层　　　　　　　朝南，3层

底层阳台左半部分安装落地窗，但未围合出封闭空间，仅做屏风使用。窗框右侧悬挂咖啡店招牌，地上有展示菜单的黑板。夹层加建封闭式阳台，由两侧的悬臂梁支撑。

夹层外加建悬挑的矩形飘窗。飘窗下檐安装手摇式伸缩遮阳棚，可覆盖整个底层阳台。底层阳台的栏杆一角设有民宿的招牌，阳台上布置了户外休闲桌椅及绿植盆栽。

阳台外侧设置了高约6米、宽约1米的钢架广告灯箱，内容为中小学课外培优。阳台区域无结构加建或改建。有较多日常性的陈设，如晒衣架、清扫工具及各类杂物。

该户型的阳台仅一面临空。栏杆保持原形状，首层和夹层均采用传统中式门窗，外立面满贴仿古面砖。侧墙上安装有竖向的传统中式招牌，经营内容为茶庄，阳台中央布置四人座茶几。

项目所在小区内，阳台"非正规性改造"空间类型图谱

徐： 那阳台算是室外还是室内？

胡： 我不知道怎么界定。当然在某本规范中，一定能找出权威的定义。但当代哲学常说，少去定义一个东西它是什么，而是讨论它能干什么，以及还能怎么办。

徐： 从"外"看，阳台是建筑"美"的一部分，从"内"看，阳台又是很容易被改变的部分。好像里外都挺有趣的，您更愿意讨论哪个部分？

胡： 一定是从"外面"看，因为我关注的是城市界面。

徐： 阳台可以把内部空间暴露给外部，窗也有点类似。如果给别人或者自己造房子，您会考虑把生活的印记纳入设计吗？如果设计中"阳台"和"窗"需要二选一，您更愿意选择哪个要素出现在房子中呢？

胡： 我所有带外立面的设计，都会把某种行为直接暴露在立面上，这是我最喜欢的立面语言。还有相互间的"窥视"，《后窗》式的场景，就是我心目中一种理所应当的都市图景。

这些偏好更适用于具有一定公共性的建筑，居住空间当然需要更内敛、更私密，所以我从来不做住宅室内设计（这个项目是民宿），连我自己的家也是找别的家装设计师设计的。

徐： 最后一个小问题，您怎么看待"在阳台上晒衣服"呢？

胡： 小时候住筒子楼，贴脸穿过走廊上每家晒的衣服，是一个很深刻的童年记忆。现在它经常被视为不文明，在英国读书时，我发现它居然还违法。去西班牙、意大利，看到他们晒得倒是很大方，有的甚至是给建筑立面增色的。

读过一本奇书，朱莉·霍兰（Julie Horan）的《厕神：厕所的文明史》，她对抽水马桶有一段神评：水封的坐便马桶可以彻底地杜绝排泄物在视觉与嗅觉上，哪怕是对自己本人的任何暴露。看看！一

非正规性 1 阳台

个对于身体多么憎恶有加的社会，才可能研制出这种将其产物遮蔽起来的发明。

晒个衣服都不可以给人看到，同理。

本项目荣获：
2019 年第十三届全国美术作品展览 – 中华人民共和国文化和旅游部，中国文学艺术界联合会，中国美术家协会 – 入围奖
2019 年第 27 届亚太区室内设计大奖（APIDA）国际设计奖 – 香港室内设计协会（HKIDA）– 评审之选奖，金奖
2019 年美国 Architecture MasterPrize 国际设计奖 – 年度发现奖（New Discovery of the Year）
2019 年美国 Best of Year 国际设计奖 – 美国 *Interior Design* 杂志 – 小预算组别提名奖
2020 年度 DESIGN POWER 100 榜单 – 入围奖
2020 年金堂奖 – 年度杰出酒店空间设计
2022 年（2020 年度延期至 2022 年）WA 中国建筑奖 – 居住贡献奖，入围奖

可倚可坐的各级台阶

非正规性 1 阳台

与风景的对视关系

技术与日常　　　　　　　　　　　　　　　　大都市中的小实践

2 摊贩

即兴占道：武汉"签签汇"串串店

设计团队　/　胡兴，余凯，刘常明
业主　/　签签汇老成都串串香餐厅
项目地址　/　湖北省武汉市武昌区粮道街
竣工时间　/　2018 年 6 月
建筑面积　/　90 平方米
摄影　/　余凯

场地区位

街道与黄鹤楼

街

粮道街，街如其名，是武昌著名的美食街。

武汉三镇据说是各有分工，而武昌是教育重镇和政治中心，所以，它总是端着架子。武昌的街道是 60 米宽的武珞路，50 米宽的雄楚大道，40 米宽的八一路……沿街看到的是机关大楼上的闪耀国徽、高校大门后的伟人塑像、壮丽的东湖，还有倒映在湖面的高楼大厦。双向八车道两旁也只能是这样的宏大叙事，容不下太多的个人表达，这是典型的在绘图板上创造出来的城市景观。

幸好，武昌也还是有一些散落的市井气息，而最著名的几个气息浓厚的街道集中盘踞于蛇山北麓：

人们在司门口摩肩接踵的夜市，为几块钱的衬衣讨价还价；

在粮道街鳞次栉比的路边摊，打着赤膊围坐在人行道上撸串；

在昙华林鸡犬相闻的酒吧，端起酒杯却听到邻居在教训孩子又没考好。

这一切与蛇山背上的黄鹤楼交相辉映，构成了两种武汉：一种是明信片上的，一种在每个人的日常点滴里。

推车

幽幽粮道街 1400 余米，有近 500 个商铺，上百个流动摊贩。

每天随着夜幕降临，这里的生活剧场徐徐开幕，流动摊贩出现在各个街角，固定门面则将经营范围扩展至人行道上。商贩们表演的道具是各种型号与功能的推车，或精致或粗糙，但不变的是移动灵活、人车合一。

他们警惕观察，精心布置，抢占有利地形，在城管划定的边界线上伺机挪进挪出，斗智斗勇。

他们要把握人流，躲避监管，懂得共享，平衡利益，彼此间既有竞争，也要合作。如此精彩的即兴表演，堪比兰布拉大街上的街头艺人。

灯车

业主经营一家做成都串串的小餐馆，希望装点门前的地块，包括增设文化墙和灯箱来吸引关注。然而，这片不大的区域却张力十足，没有明确的边界，它同时属于人行道、临时停车位、隔壁店铺的后门和小区的消防通道。

邻居、行人、城管、顾客、各类车辆不断地发生"遭遇战"，并在协商、争辩、妥协、斗狠和"偷鸡"中重塑边界。可占道经营的区域可能是 90 平方米、43 平方米，或者完全没有，还要随时避让货物和车辆的进出。为了在各种状况中从容不迫，这家餐馆需要向那些流动摊贩学习。

面对这种非正规的命题，我们可以尝试挑战词典语法，去发明新的词汇，比如，灯箱加上小推车就成了灯车。我们按照普通商用灯箱的做法，将 5 厘米规格的角铁焊接成框架，一共做了 5 个。1 个在顶部做招牌，2 个固定在两侧做文化墙，还有 2 个装上万向轮、把手、插销、合页和轨道，变成可活动的灯车。它们组合起来可以演化出 6 种形态，以应对不同的状况。

塑料筐

在设计中直接采用其他工业制品来做外围护已经十分常见，比如

非正规性

2 摊贩

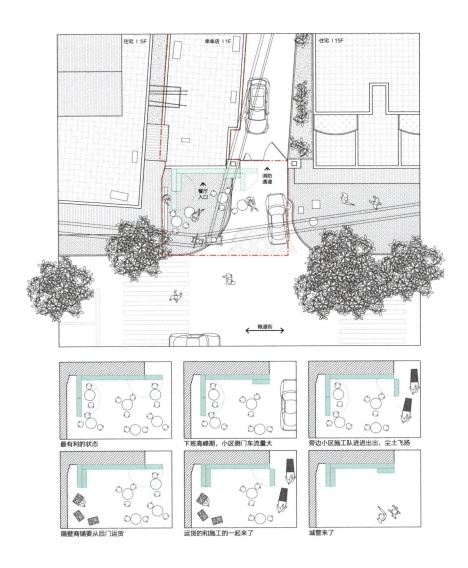

可活动的"灯车"可以演化出6种形态

37

集装箱、啤酒箱、轮胎、椅子……相比普通建筑材料，这种策略会让建筑立面带有暧昧的隐喻性或者是新奇的错位感。我们希望在角铁框架中填充一些类似的东西。对串串店有明确指向性的工业制品有很多，如铜锅、竹签，甚至煤气坛子，但都太过具象，也不容易砌筑，所以选择把分辨率调低，去捕捉一种抽象的市井气质。最终选定的材料是塑料蔬果筐和啤酒箱，它们通俗地映射了那一类最日常的餐饮文化，并且天然的具有可砌筑性，这可以模糊其与常规建筑材料间的界限。

蔬果筐和啤酒箱依照各自的特点，被放进了不同的角铁框架内。正面部分作为主要的昭示面，采用啤酒箱填充，因为它洞口比较大，便于塞入灯泡和花盆来装点。其他部分采用密网的蔬果筐，配合装在背面的射灯，制造斑驳的光影效果。

瞬间

两年后，店面转手了，新的店主换了一个古色古香的门头。看到自己的第一个作品被拆掉了，导师却安慰我说，拆了可能更好，拆了后就有头有尾，变成了一个完整的故事。而且，就像库哈斯在《癫狂的纽约》中引用的那个著名的摩天楼图示，每个单元的变化或去留，都不足以影响整体的特征，或者说，变化，才是它的特征。

而在这个系统当中，在大都市当中，时间是胜过空间的，我们追求的是从日常中获得短暂表达和解放的一瞬间。

瞬间不是没有意义，它是很美好的东西，是改变一切的开始。

本项目荣获：
2019 年第六届德国 S.ARCH AWARD 国际设计奖 – 最佳建成项目组入围奖

非 正 规 性　　　　　　　　　　　　　　　2 摊贩

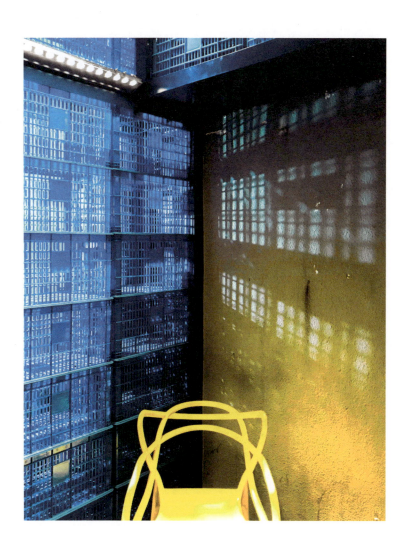

强烈的白炽灯光穿过灯箱形成斑驳的光影

非 正 规 性　　　　　　　　　　　　　　　　　　　　　　　2 摊贩

施工过程

蔡佳秀 + 胡兴：不同尺度下的空间与时间

嘉宾简介 / 香港中文大学建筑学院助理教授、博导，中国风景园林学会国土景观专业委员会青年委员

蔡：对我来说，这个项目有两个地方很有意思：一个是你提到的"结构"和"填充物"之间的关系，事实上也就是"structure"和"infilling"之间的关系；第二个就是"时间胜过空间"的观点。虽然我们具体的研究对象、研究问题不一样，但这些东西其实总是在反复出现。

不知道你看没看过Habraken的 *The structure of the ordinary: form and control in the built environment*，他谈的基本就是"structure"和"infilling"的问题，和库哈斯的那些想法有异曲同工之处，Habraken也是荷兰人，可以说这个东西本身是挺荷兰的。当然还有赫兹伯格的结构主义思想，包括他的导师凡·艾克，他们是

有传承的，我其实一直想梳理这个事情。

胡： 第一次接触这个概念，确实是本科的时候读赫兹伯格。好像无论是在设计风格还是在行为方式上，荷兰人都有鲜明的民族特征，很容易被总结为"这很荷兰"。

我觉得将城市环境要素区分为"结构"和"填充物"，是荷兰人对现代技术、现代城市的发展所做出的反应。它首先是一种认知模型，试图用这个框架去理解并把握越来越纷繁复杂的城市对象；它也是一种操作方法，可以分别去处理，就像塔夫里指出的，现代技术社会中的一对冲突，自上而下的系统、秩序，与自下而上的个体自由。

蔡： 但是这里面有一个尺度的概念，你到目前为止还没有谈到。

因为从理论上讲，如果要讨论"结构"和"填充物"，它应该在不同尺度上有着不同的意义和价值。你做的项目都是针对建筑本身这个小单元，比如阳台、街边的构筑物，但它们可以在不同的尺度上去解读。

比如你这个项目：相较于铁匠做的框，"填充物"是那些啤酒箱，但在更小的尺度上，啤酒箱本身也是"结构"，"填充物"是那些光线；当你谈使用权的时候，会谈这个店如何去占据街道，此时你的空间设计是承载这一切发生的基础"结构"，这里面的各种故事、场景就是"填充物"；再放大到街区尺度，你所做的东西本身，又只是城市这个大结构中的一个"填充物"。

Habraken 是谈尺度的，按他的观点，"结构"和"填充物"是有方向性的，即宏观尺度、大尺度的结构，能够去决定下一级填充物的尺度，但小尺度的填充物，反过来很难去影响上一级尺度的结构。

胡： 如果按不同尺度去讨论"结构"和"填充物"，它会出现很细腻的层次，甚至是一个一层套一层的"套娃"。

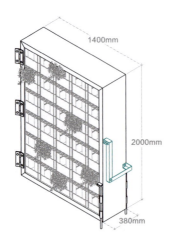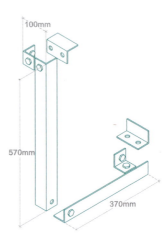

"灯车"构造细部

非正规性　　　　　　　　　　　　　　　　　　　　　　　2 摊贩

我自己在实践中，好像一直以来关注的是一个固定尺度，差不多就是柯布西耶 Obus 规划的尺度，因为在此之下，"结构"是我们肉身就可感知的、有形的、可操作的；在此之上，"结构"是肉身无法感知和把握的，比如国际海运系统，这是一个全球尺度的"结构"，它通过集装箱的尺寸，深刻影响到了我们日常用品的样貌，但它是无形的、潜移默化的，是我作为一个职业建筑师无法去做形式操作的。

蔡：除了物质空间层面，社会经济层面也是如此，在不同尺度上，对这个空间能够起决策作用的群体也是不一样的，比如在某一个尺度上，城管就进来了，在更宏观的尺度上又会是谁？

胡：这一点在我们的项目实施过程中深有体会。在一周的施工期内投诉从未间断，但投诉并非来自共同使用这块地的邻居，他们其实一直积极参与方案的讨论，并乐见其成，隔壁做批发生意的夫妻还兴致勃勃地在啤酒箱里种起了盆栽。

争议反而来自街上其他的老居民，即使是住在很远的地方，即使这块地的使用方式与他们的生活并无任何关联，但突然发现"公家的"地要被侵占，他们感到非常不安。

显然，这个设计让本来良性运转多年的潜规则被转译成为具体的形象，无处隐藏。换言之，在社会层面上放大了它的尺度，让少数使用者彼此间的心照不宣变成了公众讨论的对象。

蔡：时间概念也是同样的道理，当你在谈论人们从早到晚使用上的不同时，站在这个小尺度上，你会很精确地看到具体发生的故事，这个时间的分辨率是很清晰的。而在更大的时间尺度上，你可以谈那个铁架子经过多久被拆掉了，或者铁架子保留了原状，里面填充的啤酒箱被换成了其他东西。也就是说，随着分辨率的不断放大和缩小，可以讨论它不同的价值和意义。

非正规性 | 2 摊贩

5:00 — 10:00

签签汇并不做早餐生意，大门紧闭。

但旁边商铺卖的豆皮远近闻名，来买早餐的人会躲开人行道，在签签汇门前排队，人们常常会拐个弯，然后直接坐在侧面的台阶上。

10:00 — 12:00

买早餐的人群逐渐散去。

串串店十点开门，上午大厨和老板不会过来，只有两名服务员前来打扫卫生，包括清理排队人群留下的垃圾。

12:00 — 14:00

串串店中午的生意并不好，大多时候接待两三桌。

即使有顾客要求，白天也不会提供室外就餐，这是餐馆跟城管多年来达成的默契。

14:00 — 17:30

老板和大厨下午两点过来上班，全员开始准备晚上和第二天中午的食材。

隔壁的酒水批发店则常常会利用这段时间把电动三轮车开过来，在门口的空地上卸货。

17:30 — 21:00

五点半城管下班后，餐馆会把灯箱拿出来，垂直放在马路边招揽路人。老板会劝说熟客坐到室外撸串，给餐厅增加人气。

旁边小区的后门会在晚高峰期间临时开放，缓解正门的交通压力。

21:00 — 2:00 (+1天)

宵夜期间是生意最好的时候，脱下制服的城管也经常来光顾。

小区的后门再度关闭，老板会专程把他的雪佛兰停过来，截断人行道，防止流动摊贩们抢占自己的经营范围。

「签签汇」占道经营策略的时空图景

47

店铺门头外观

胡： 我之前对"时间"的讨论，主要是来源于"日常生活学"，它几乎指的是"一瞬间""一刹那"这种尺度。比如列斐伏尔，他强调的是"时刻"，一种个人短暂解放的嘉年华，打破日复一日、可预测的时间循环。总的来说，"时间"是一种克服规训和异化的手段。

当然列斐伏尔也谈"节奏"，某种意义上，节奏的快慢也就是不同尺度的时间。通过"尺度"好像是可以将两个议题——空间和时间，统合在一个框架下来讨论的。

蔡： 在不同尺度下谈空间和时间，或者说从尺度、分辨率、图幅这几个角度来谈，其辐射的意义是不一样的，甚至可以抽象出一个解释的图示。比如你博士论文写的基础设施，从 19 世纪写到当代，事实上尺度是不一样的。因为汽车、高速路让我们的速度变快了，人们可达的认知范围不一样了，我们讨论的"图幅"也就逐渐地变大了。

胡： 尺度确实会越来越大，大到可能我们需要换一种思考范式去理解它。技术哲学一般认为，当代技术环境让所有基于实体的思考陷入了困境，比如当基础设施已经发展成了一种庞杂、抽象的技术系统，对它进行类型和尺度上的划分就失效了。卡奇斯·瓦尼里斯（Kazys Varnelis）就是把整个城市都理解为一个庞大的"结构""系统"，所有微观尺度的现象，都只是这个宏观城市结构在不同层级下的表征。

这种从"尺度"到"层级"的转变，在我的博士研究中，具体借鉴的是地理学家本杰明·布拉顿（Benjamin Bratton）的堆栈理论，把城市结构划分为"系统层""城市层""界面层""用户层"四个层级。最大的区别在于，面对当代技术所塑造的庞杂结构，它放弃了水平性的地理切分，而是转化为垂直性的空间层叠。更形象地说，就像 Photoshop 的图层，它不再做尺度上的 zoom in（放大）或 zoom out（缩小），而是做开启或关闭图层。

技术与日常 　　　　　　　　　　　　大都市中的小实践

非 正 规 性　　　　　　　　　　　　　　　　　　　　2 摊贩

塑料筐的光影效果

3 台阶

阶底橱窗：武汉"卡梅拉"蛋糕店

设计团队 / 胡兴，刘常明，李哲，严春阳，李红玉，张灏，曾思敏
施工单位 / 天堃创建（武汉）工程有限公司
业主 / Camela Cherie 亲爱的卡梅拉
项目地址 / 武汉市武汉国际广场购物中心负一楼下沉广场
竣工时间 / 2023 年 5 月
建筑面积 / 40 平方米
摄影 / 李哲，沈一方

技术与日常　　　　　　　　　　　　　　大都市中的小实践

楼梯下的蛋糕店

非正规性

3 台阶

边角空间

即便是最昂贵的地段，也有"边角空间"。

蛋糕店的所在地——武汉国际广场购物中心曾是1949年后的"中国十大商场"——中苏友好商场。而据统计，当今的"国广"已是奢侈品在国内最大的聚集地，多个化妆品、女装、珠宝品牌单店销量蝉联全国第一。

而在通往商厦下沉广场的大台阶下，是这片极度消费过剩空间中的剩余空间。它常年只能被用作设备间与杂物间，让富丽堂皇的负一层入口正对着一片阴暗与潮湿。

直到商厦决定将这个剖面上看十分消极，但在平面上看又十分重要的小空间划作店面出租。

L形体块

为了激活这块狭小的边角空间，我们从抽象的形体入手，因为我们不希望增加任何"围合"的操作去限定出一个封闭的小环境，而是想用简洁的形式语言去统合周遭的大环境。

蛋糕店的所有功能被整合在两个L形体块上：

一方面，它们在垂直方向上"托住"大台阶，其中一个甚至刻意倾斜成与台阶底面垂直的角度，在视觉上制造强烈的受力关系；

另一方面，它们横向展开为台面，充分占据长方形平面的两个长边，并形成从侧面进入、横穿而过的内部流线，与圆形下沉广场的环形流线融为一体。

在空间结构上，让大台阶乃至整个下沉广场都被纳入蛋糕店的形式逻辑中，从而将原来的边角空间转化为最重要的节点。

梯形剖面

针对店面低矮、阴暗且不规则的梯形剖面，吊顶采用镜面材料，它顺应大台阶的倾斜角度，正好将店内台面上的商品投射在正立面上，并模糊了空间的真实高度。

而在屋顶之下，为了赋予硬朗的几何形体一个可爱、柔软的外观，我们将两个L形体块制作成糕点般的质感：橘红的砂岩在前，乳白的石材在后；一个雕刻成"camela"，一个周身挂满蛋糕。在门头被遮挡的不利情况下，充分利用竖向空间展示店铺的招牌与产品。

雕塑般的橘红体块，矗立在圆形下沉广场的中轴线上，让商厦负一楼的主出入口终于有了般配的对景。

午后的阳光会贴着大台阶的边缘而下，在那块鲜艳的橘红体块上留下一道金黄，大台阶下的氛围也仿佛变得欢快起来。

画一座灿灿的殿堂，
雕刻 Camela Cherie,
一个浪漫的幻象。
星星闪烁，
情思绵长。
与意念一起迸发，
穿过法兰西的橱窗，
心动的小品烘焙，
琳琅炫目，甘脂飘香。
给滞情的朋友，
点一份提拉米苏疗伤，
带走酸涩，
激活热烈的多巴胺糖。

说不尽的亲情与爱情，
在细滑的琴弦上奏响，
沉浸于音乐中享受的，
是，榴莲芝士，
公主蛋糕，
闪电泡芙，
木醇果香。
考验男朋友吧，
用冰凉的慕斯，
配巧克力魔方。
在风里，
品一品伯爵红茶，
拿破仑椰子，

在故事里，
尝一尝，
隽永的朗姆酒，
清澈酸甜的覆盆子酱。
好日子去了又来，
如说不尽的畅想，
咀嚼卡梅拉的精美，
品味，
青春时尚。

——胡乾午

非正规性　　　　　　　　　　　　　　　　　　　　3 台阶

雕塑般的橘红体块，矗立在圆形下沉广场的中轴线上

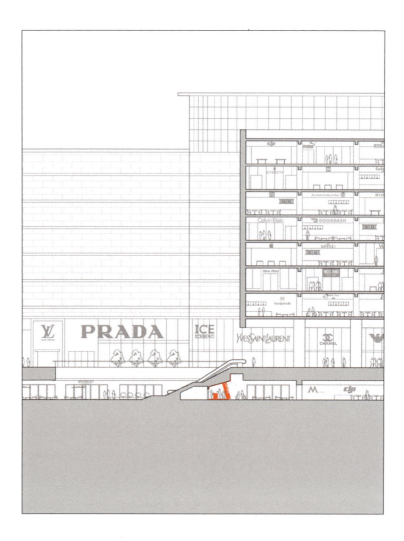

剖面图

非 正 规 性

3 台阶

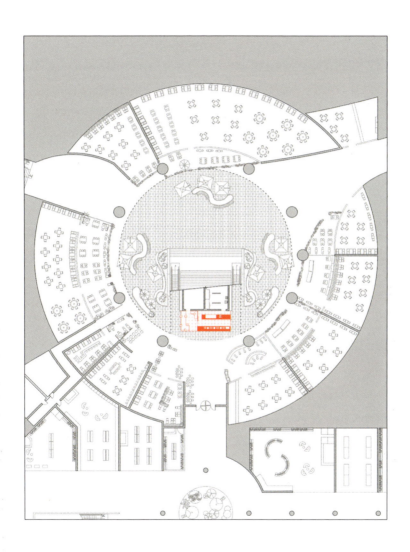

平面图

59

白晓霞 + 胡兴：城市里的一种美好邂逅

嘉宾简介 / 华中科技大学建筑与城市规划学院副教授、博导，建筑学系系主任

白： 这个只有 40 平方米的项目处在一个空间逼仄的大台阶下面，通常来讲这些地方被认为是不好用的、消极的、非正规的，那么把这类具有相似属性的内容提出来并命名为城市"边角空间"，是一个有趣的切入点。

从这个项目的实践来看，如果说能够为这些空间找到与之匹配的利用方式，说不定它会为常规的空间增加很多趣味，使这些空间更加鲜活。

你会怎么看待边角空间和常规空间，比如成因、特点、关系或者意义？

胡： 在传统建筑学当中，它是一个平面上的问题。比如我们现在还能

看到的欧洲古典建筑，为了保证每个房间自身形状的完整，在它们之间就会出现一些"边角余料"，大的做楼梯间，小的用来做储藏空间，甚至直接填充为墙体，这些就是边角空间。

但如果从城市的角度谈边角空间，它更多地在社会学层面上，涉及一个城市权力的问题。

城市空间逐渐被商品化，每一寸土地都有标价，有规定动作，居民还能不能自由地使用城市？而边角空间事实上就是权力与资本相对真空的地带，为这种抵抗提供了机会，也为真正基于日常的设计提供了机会。

白：边角空间的产生原因其实不太确定，往往是被迫的或者被剩下的，总之具有一定的被动性和不利性。就这个项目来讲，其实它的边角空间有特殊之处，虽然自身属性不那么有利，但作为商业空间，其自身与更大空间范围的关系属性就显得尤其重要。

对于蛋糕店来说，这个位置处在几个路径交会的地方，周围的人流、电梯、楼梯、商场的入口都在这里。应该说从网红商业角度来看，这反而很有优势。

那么，问题来了，选址并不是我们决定的，那我们的学科贡献是什么呢？

胡：业主看到的是人流量，建筑师会看到并揭示出它的空间潜力，比如这里需要的不是一个界面的围合，而是有机会去跟整个下沉广场与大台阶对话，形成一个整体。

白：这个项目在平面上看正对商场负一层入口，本就应该是一个需要被设计的节点，而不是一块"被剩下"的余料。可以想象，在被改造为蛋糕店之前，这个入口的体验感并不积极。所以蛋糕店的出现对于来来往往的人群以及整个区域的路径节奏来讲，是一次更大范围的空间"体验升级"。

我想这个地方确实很适合蛋糕店、花店、咖啡店这些业态,它们跟商场里面正规的柜台是不太一样的。人们一走一过,买不买都开心,视觉上、嗅觉上都会得到满足,受益的并非只有直接的消费者。

所以这种生活化的、温馨的、甜蜜的场景,对于所有经过之人,都实在是城市里一种很美好的邂逅。

胡: 这个空间能够做出"体验升级",主要是因为近几年消费观念的转变。在过去,像"国广"这样的大型商场不太可能出现这么小的门面,它们只会出现在汉正街、江汉路……因为大家会建立这样的联系:大等于贵、小等于便宜,一线品牌一定是"大"的,所以这么狭小的空间在"国广"根本派不上用场,它只能作为消极空间,放扫帚、拖把。但网红经济改变了这种固有观念,使得业主可以租一个这么小的店,却卖很贵的蛋糕,"小"已经不等于"便宜"了。

白: 整个蛋糕店的设计,从手法上来讲并没有下很重的笔墨,或者说是没有做太多的动作,给人的感觉是就轻轻地落了几笔,但是把周边环境给分析透了,有点儿四两拨千斤的意思。

胡: 因为当它的空间非常小的时候,就会逼迫你去找最准确、最恰当的那一笔,你必须"一剑封喉",因为它只能容纳一个动作。

白: 这个说得特别形象,就是要找到最准确的那一笔,太复杂的话,效果反而没这么清晰,几个简单的体块,就能把这个场地控制得恰到好处,这个是要考验功力的。

我们都知道,前期的分析对于最终的落笔很重要,但是分析与设计之间的贯通其实并不容易,甚至一部分人在思维上很难跨越,导致分析与实操两层皮。

胡: 所以我一直觉得,在教学中的前期调研或案例分析,不要去设置

非 正 规 性

3 台阶

蛋糕店的所有功能被整合在两个 L 形体块上

雕刻形成的品牌名称

十个或八个规定动作，否则它就很容易变成例行公事。还是要从感性直观出发去体会真正打动你的东西，也不需要面面俱到的全面分析，而是基于对象的特征，去尝试捕捉它的本质问题，像号脉一样。

白： 带入感受很重要。我甚至在思考，我们的基础教育一上来就是抽象的形式操作训练，但其实更重要的，尤其我们东方人可能最擅长的，是如何把这个事物跟周边环境联系起来，是一种场景感的东西。

胡： 我觉得这两件事情同等重要，而且是可以分开训练的。抽象的形式操作是手头功夫、基本功，有必要进行专项训练。因为形式操作的能力是不可能直接通过理论学习获得的，事实上，我也不认为存在纯粹依赖逻辑推演出的"好"形式。

白： 这也是我们学科经常思辨的问题，"形式"到底只是结果，还是可以被独立追求的东西。

能够总结一下在这个空间中主要使用了哪些设计策略吗？比如界面上的"透明性"，门头的"反射性"，是否可以提炼出一些关键词？

胡： 可以说所有的动作背后，只有一个目的，就是通过最少的形体关系去把所有的功能和环境整合在一起。玻璃和镜面反而只是功能性的，用来凸显我们的主要目的。

白： 所以说关键词是"整合"，在这样一个点上提供了一种理解微观局部与宏观整体联系的机会。这个项目的方案设计花了多长时间？

胡： 整体策略确定得非常快，但作为一个商业项目，在使用细节上和业主一起打磨了很长时间。比如左侧那个让出来的角落，从形式上讲，还是需要一个动作去限定一下。我们之前的方案是在角上装一个秋千，但业主觉得还是设置一圈座位会更实用，座位上面那个正方形的吊灯也是业主自己选的。

事后发现，这个灰空间里的座位非常有效，原计划是让大家买了蛋糕就走的，但现在很多人愿意坐在门口吃完再走，即使空间小坐着并不舒服。现在看这个场景就更加生动热闹了。

白： 秋千可能会更有趣，但正常坐具更包容各种人群的使用。

胡： 之后我们还发现了一个问题，我们的初衷其实是呈现出两个非常清晰的体量，一红一白两个 L 形，但事实上做出来的效果并不明显，后面那个白色的体量很难被识别到。

白： 柜子的材质没那么显眼，虽然不太能看出你说的另一个 L 形的初衷，但这个功能性的蛋糕架很恰当地融入了热热闹闹、熙熙攘攘的氛围中，也不失为另一种策略。

胡： 最初的目标是，基于它的店面太小，我们希望将所有的功能空间都干干净净地整合为两个体量，除此之外不再有任何其他孤立的要素。如果最终效果让人认为它只是一个柜子的话，其实它就"散"掉了，显得不够干净利落。

白： 顶部那个镜面做得挺巧妙的，仅仅是因为空间小，需要扩展空间吗？

胡： 有这个作用，但不是主要原因，就像刚才说的，"小"已经不再是一个很严峻的问题了。

主要的出发点是决定不要做一个界面，而是跟周围的院子和大台阶发生关系，所以就不能有一个常规的门头，因为它会打断形式上的连续感，遮挡住大台阶所形成的斜坡顶。但作为一个店面，它在那个位置又一定需要一个可以被看的内容，所以我们就决定去反射货架上的蛋糕，直接将商品本身投射在通常应该做门头、招牌的位置上。

白： 之前你有一个观点让我印象很深刻。从学科划分的角度，好像你是在做室内设计、装修设计，但实际上你觉得自己是在做城市设计，尤其是在这种大城市里做一个东西的时候，它不是一张白纸，你在城

非正规性 3 台阶

镜面吊顶将台面上的商品投射在正立面上

市背景下去做的任何一笔,哪怕只是一个柜子或者楼梯,那个轻轻的一笔,它的影响都不是孤立的,一定是与更大范围的城市发生关联的。

胡: 这是刘东洋老师跟我说的,他说你的项目最小,但你最有城市概念,当你讲解自己的作品时,很少提内部空间,永远在说城市界面。

白: 这个意识还挺重要的,大家的视角容易局限在红线范围和任务书里面,然后给自己划定工作范围。你的特点是做界限范围之内的任务,但是把它放到更大的一个环境里面来看待。

这个其实应该告诉咱们大一的同学们,不然他们会觉得做这么一个小小的东西,能有多大的发挥余地呢?其实当你把眼光放宽广的时候,会发现这个点,带动的可能是个面,是个体,是一个更大的城市环境。

Chérie, je reviens tout de suite.
(亲爱的,我马上回来。)

非正规性　　　　　　　　　　　　　　　3 台阶

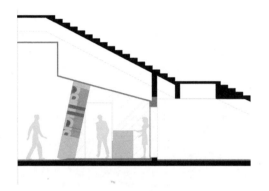

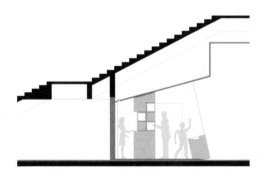

剖面图

技术与日常　　　　　　　　　　　　大都市中的小实践

非 正 规 性　　　　　　　　　　　　　　　　　　　　3 台阶

项目所处的边角空间

技术与日常　　　　　　　　　　　　　　大都市中的小实践

4 洞子

洞洞酒肆：重庆"几许町"酒吧

设计团队 / 胡兴，余凯，刘常明，肖磊，王志铮，贵溥健，刘晨阳，钱曼，陈雨墨
室内设计 / 寇宗捷
业主 / 重庆山鬼酒店管理有限公司
项目地址 / 重庆市渝中区印制一厂
竣工时间 / 2019年10月
建筑面积 / 108平方米
摄影 / 赵奕龙

技术与日常　　　　　　　　　　　　　　　　　　大都市中的小实践

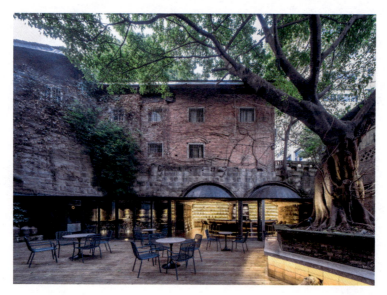

一条宽 2.5 米的前廊将三个防空洞串联起来

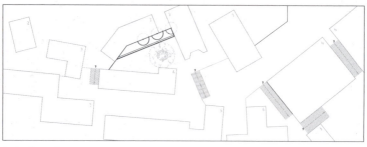

总平面图

非正规性　　　　　　　　　　　　　　　　　　　　4 洞子

防空洞

"重庆，是一座布满防空洞的城市……上上下下，密密麻麻，到处都是……当火锅跟防空洞结合的时候，就产生了重庆最大的特色……"杨庆2015年导演、2016年上映的电影《火锅英雄》给我们刻画了"洞子火锅"这一奇观式的餐饮空间。

抗战期间，重庆军民挖掘了当时世界上最庞大的防空工程网，面积约110万平方米。重庆防空司令部的统计档案显示：1937年，重庆市共有防空避难设施54个，可容纳7208人，仅占重庆在册人口的1%。从1938年起，日本正式对重庆市区进行轰炸，国民政府随之加快防空工事的建设。至1942年，重庆防空洞数量已达1603个，平均每平方千米就有178个防空洞，基本可以容纳全部市民。

如今，山城巍然，洞口森森，但硝烟已散。

重庆独特的"防空洞文化"开始融入百姓生活：在没有空调的年代，常年保持4摄氏度的防空洞先是成了纳凉和幽会的胜地；随后，被当成异类的摇滚青年们来了，带着乐器，吼着名副其实的"地下摇滚"；进入21世纪，市政府在修建轨道交通的时候，充分利用了原来的防空洞系统，并随之带动了更多公共功能的植入，有的防空洞被改造成了地下商场、火锅店、博物馆……而那些小面积的防空洞则被改造成了五金店、小卖部、社区纳凉点……截至2019年，重庆主城区人防工程开发利用率已达到91%。

厂区

本项目是由原重庆市渝中区印制一厂内的防空洞改造的酒吧。

重庆有两座由老厂区改造的网红文创园——枇杷山的印制一厂与

鹅岭的印制二厂，这对姊妹厂修建于 20 世纪 30 年代。跟印钞票的二厂不同，一厂有着被灰尘覆盖的书卷气质，它曾经承担了重庆乃至川东片区印制课本、图书和期刊的任务。

一厂位于次干道枇杷山后街的尽端，厂区的八栋建筑顺着山势围合出三进院落。

第一进最大的院子是文创园的停车场，周围的多层老厂房中已进驻了各类独立艺术工作室，斑驳的红砖墙点缀以炫目的彩色玻璃与黑钢，肃穆的革命标语搭配上新潮的涂鸦和招牌，这是典型改造项目的氛围，由老建筑与"新材料"调配出的熟悉味道。

沿着西端的山路拾级而上，是由两栋老职工宿舍围合出的第二进狭长形院落，它们整体被改造成了造型华丽的江景酒店"山鬼"，它对自己的历史身份并无太多留恋，在这个略显破败的老街区中骄傲地展示着自己超群的"颜值"。

酒店的北侧就是本项目的所在地——由老职工宿舍、防空洞，以及川军名将郭勋祺的公馆围合出的第三进楔形院落，现已被作为山鬼酒店的后院重新开发，希望改造成一个带有酒吧的户外休闲场所。

庭院

院子东侧是建于 1934 年的重庆市历史建筑——郭勋祺的公馆郭园；南侧的老职工宿舍一楼已被改造为山鬼酒店的餐厅，同时也是进入郭园后院的主入口；北侧是三个联排的小型防空洞，有砖石结构的连续拱，其中最东边的一个防空洞被郭园挡住了大半个入口。院子中央是一株黄桷树，树冠撑满了整个院子。

面对这样一个面积不大且中央被巨大树池所占据的院子，结合防空洞贴着院子北端布置酒吧几乎是唯一的选择，既能够充分利用庭院

非 正 规 性   4 洞子

1/4 球体屋面

以一堵老石墙为轴心的放射性空间

非正规性 4 洞子

中最具特点的元素，也能面向酒店餐厅形成最佳的观赏面。

三个防空洞互不连通，每个占地面积约为 4 米 ×4 米，拱脚距地面仅 2.1 米，如何在其基础上发掘出适合酒吧的空间是该项目的重点。

首先增加了一条宽 2.5 米的前廊将三个防空洞串联起来，但这样的平面更像是一条走廊连接的三个包间，而非酒吧。为了消解这种状态，我们利用半圆形的吧台将其中两个防空洞进行了空间上的"桥接"，让酒吧平面变为以一堵老石墙为轴心的放射性空间，从而强化其整体感，而另一个入口被挡住大半的防空洞则被用作储藏空间（酒窖）。但这样的布局导致操作空间更加局促，因此酒架无法按照常规放在吧台的背后，而是被设置在防空洞的尽端，形成整个酒吧的背景墙。

球

为了衔接防空洞的拱顶与新增前廊的平顶，我们将前廊高度控制在拱脚的位置，并在前廊屋顶上用 1/4 球体来衔接防空洞的拱券，从而实现新旧部分在外部形态和室内空间上的自然过渡。

新增前廊部分除了主梁采用 100 毫米 ×100 毫米的 C 型钢，其余的檩条与柱子统一采用 50 毫米 ×40 毫米的方钢管（其中柱子由五根钢管焊接成十字柱），这是附近建材市场中唯一的小规格结构材料。屋顶顶板与底板均为 5 毫米厚镀锌钢板，内衬保温层固定在檩条之间，外挂排水沟底部与屋顶底板齐平，并向外倾斜，保证檐口高度仅为 35 毫米。折叠推拉门的轨道被藏于 C 型钢主梁之中，保证室内外屋顶底面的连续性不被任何构件打断。而衔接平顶与拱顶的球体也在室内被忠实地呈现，但内壁材料更换成了镜面不锈钢，它将背后酒架的残影扭曲、揉碎后重新投射出来，让灯红酒绿的室内氛围愈发迷离和虚幻。

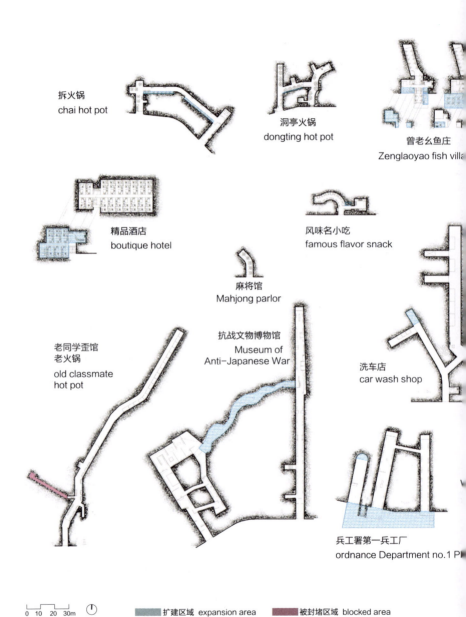

非 正 规 性 　　　　　　　　　　　　　　　　　　　　　　4 洞子

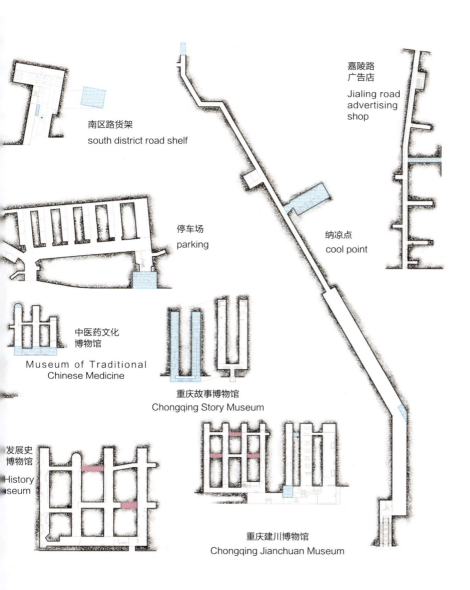

针对重庆市主城区防空洞自发性改造案例的调查

李伟 + 胡兴：院子中心的黄桷树

嘉宾简介 / 小写建筑事务所创始人、主持建筑师

李： 对于重庆我比较了解，看了你的场地现状，都是重庆特别常见、典型的要素：防空洞算是非常常见的一个载体，再就是石头，重庆本地的石头不是很硬，有点泡砂石的意思。与那个毛石墙类似的垒墙是非常多的，做法也是做成一个个的连续拱（所以我第一印象甚至疑惑那是不是防空洞，因为它们太浅，藏物资可以理解，但藏不了人，也许就是为了架起上面那个平台做的结构。在重庆，像这样处理场地是很普遍的）。这是材料上的，另外是这种尽端式、狭缝式的空间，也非常重庆。

最后就是树，我们重庆叫"黄桷树"，这种植物生命力特别旺盛，重庆很多墙上都有。一棵从毛石墙立面上长出来，另一棵在院子中心，

我认为它对你的场地非常重要。这种树的根盘特别大，往往会长到人的视线这个高度，所以就像你场地里的这棵一样，要做一个很大的树池把它包起来。

　　基于这样的感受，对这个设计我有几处疑惑。

　　加建部分的高度定在了 2.1 米这个尺度，这个是如何决定的？还是说经过比较，你认为这样最好？

胡：因为加建的所有东西跟那几个拱本身，肯定要产生一个很明确的关系，而 2.1 米那个位置，好像是唯一的一处"强关系"。

李：就是说你最先想到的是这个形式？这样一个 2.1 米，你有没有犹豫过？

胡：是形式，当我想把空间推出来的时候，是从拱开始着手的，之后廊子怎么衔接，是一个很明显的选择：只能在起拱点的高度上。这个很快就决定下来了，不知道您有没有这种感受，就是虽然设计是主观的、多可能性的，但其实在设计师自己心目中是有最优解的，当时一上手就觉得解出来了，也就没必要做比选方案了。

李：我指的犹豫是，这个高度会决定与场地的关系。

　　如果决定了 2.1 米的屋檐高度，那么说明在这个视线的范围内，存在着你非常在意的东西，比如场地内非常核心的要素，那棵黄桷树。而如果这个 2.1 米其实没有跟场地的这层关系，那你解决的只是形式问题，你想最大化地凸显拱的轮廓，因为只有在 2.1 米处，和拱衔接的那个球体才是最完整的。

胡：在视线上，当时下意识地肯定是觉得应该压低一点。因为外部环境并不太好，整个院子最好的观赏面其实是该项目的立面，对面老厂房原本的砖墙肌理很好，但被改造得很商业化，隔壁的郭园是一个历史建筑，但二楼已经破败了，补了很多红砖和蓝色的帆布。

技 术 与 日 常　　　　　　　　　　　　　　　　　　大 都 市 中 的 小 实 践

折叠推拉门的轨道被藏于 C 型钢主梁之中，保证室内外屋顶底面的连续性不被任何构件打断

衔接平顶与拱顶的球体

但这个在视线上"压"一下的决定,只是一个大概的感觉,很"低分辨率"地过了一下脑子,我并没在从内往外看的视角上去"定格"地推敲该怎么框景,因为没有那么在乎。

您这个问题好像揭示出了我的一个设计习惯,就是在我眼中,这个设计对象究竟是什么。尤其在做小房子的时候,我其实更在意那个界面,也就是说,我的思考既不是从内往外看,也不是从外往内看,而是那个界面本身——一个有厚度的界面,或者说一个很薄的空间。我对这个更感兴趣。

可能因为我很少被某个"景致"打动,然后去思考该怎么坐下来观赏,怎么去给它框景。即使在做"月河对影"项目的时候,面对那么好的景观,事实上我也没有确切地去分析过那两个观景器到底框到了什么,也没去推敲还有没有更好的剪裁方式。对于从内往外看,我通常只会大概地把握一下会不会太糟糕,太糟糕肯定不行,只要觉得差不多,就不会再去深究它了。我更感兴趣的还是空间里面的事件和行为,不太喜欢静态的、定格的场景分析。

李: 还有一个疑惑,2.5米的出挑深度是怎么定的?是有红线范围,不能再出挑了吗?

胡: 是我觉得2.5米足够了,设计廊道的目的是把三个正方形平面的防空洞串联起来,如果太窄,它就只是一个走道,如果太宽,那三个防空洞又会沦为无关紧要的空间,所以我觉得2.5米的深度让新老空间的配比刚刚好。

李: 其实怎么延伸拱顶还有很多选择,所以刚刚我问你有没有做其他方案比选,你选择做球体,其实是一种变异,可能你更在意球体内部那种迷幻的效果。但如果是我做,我可能会直接把拱延伸出来,然后在左侧增加两个虚拟的拱,我觉得这样可能更直接。当然,我的支撑体系也会选择收到 2.1 米的位置。

胡：那就是一个连续拱的外立面？

我当时想到过直接延伸拱顶，但是觉得球体会有一个收下来的形式语言，而拱顶会让人觉得立面没有结束，像一个暴露在外面的剖切面。

李：实际上防空洞本身也是直接将拱暴露在外面，那才是防空洞应该的样子，我会想延续它原来的构造逻辑。并且我的外界面不会是一条直线，我会让它跟中心发生关系而变异，这样，连续拱的切面会因为界面在某处转弯而发生变化，比如切出一个异形。我会想要这样一种新与旧的冲突。

我觉得这个很重要，因为你的整个空间是单向的，只能朝一侧发展，而从整个场地出发，防空洞只是其中一个元素而已，我会觉得那个中心——黄桷树，其实更重要。而你现在的处理，是很直接地出来一条 2.5 米宽的平行线，和黄桷树的关系很弱。

胡：没有扩大廊子的范围，还是基于新和老的比例关系考虑，我希望三个防空洞空间在新的设计中仍然占主导地位，而不是新建筑的小"储藏间"。另外，如果是增加两个虚拟的拱，但背后并没有对应的防空洞，这个策略是不是太隐喻了？

李：我的理解是这样会呈现你的关注，就是你把右边那半个拱给补起来，或者把它移个位置，是对你关心的东西的一种表达。

还有一层问题，刚才没展开讨论。就是这个场地的质感，很有重庆这个城市的独特性，我倒不是说要多么强调这个场地，其实对重庆来说，这样的场地是司空见惯的。我想说的是，从你的设计方案来看，这些环境要素好像不是一个非常重要的考虑角度，就像你说的，在介入它的时候，更关心它的界面本身。

非 正 规 性

4 洞子

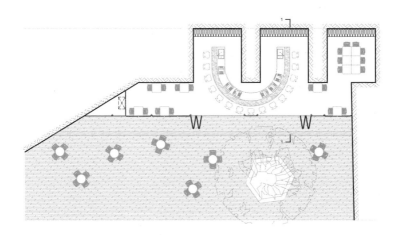

平面图

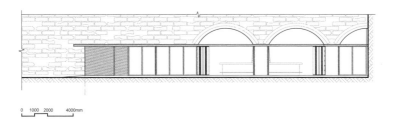

立面图

胡： 其实在用材和结构选型上，我有考虑跟整个院子质感的配合。比如外观是黑色的，室内使用镜面去直接反射原始的石头墙。再一个就是尽可能地保持结构的纤细，这都是为了让它更好地融入现场很丰富的肌理和质感中。

这些决策的动机都是基于场地的，您看那个薄如刀片的屋顶，我通常是不追求做薄的，因为它会在结构计算和施工控制上带来很大的挑战，而在我心目中，"厚"与"薄"只是审美上的不同而已，不涉及作品质量的高低，所以通常不会把它当作努力的方向。

李： 还有一些要素，比如你到处都能看到，从墙体里蹦出一些黄桷树，要是我，可能会在形式上去想怎么跟它产生一些关联。就是说，除了这个防空洞本身的空间配置，你有没有一些关联场所的内容？

胡： 我对一个场地的把握，最优先考虑的可能不是物质性、材料性的东西。之前受你们影响，比如当年到红安的项目场地，我首先看到的会是闪闪发光的云母石，但现在的关注点变化了。

李： 你现在更关注氛围了？

胡： "氛围"可能还是更基于材料，是"场景"吧。现在我更关心日常生活和行为模式，而不是很具体的材料，或者说离"物质性"越来越远，更容易被"社会性"的东西所吸引。我不太会去认真地看这个石头什么质地，那个树怎么长，但是就跟我不太关心往外看的景观一样，不是完全不考虑，只是它们在影响我设计决策的维度中优先级很低。

李： 你有没有想过市民会如何去体验这样一种很内向型的空间。它既有文化上的内涵，也是世俗开放的，那么你靠什么方式去创造吸引力，让它有热度，让大家愿意留在这里？在这个项目中，这算不算一个问题？

胡： 这个算是我比较"理性"的一个设计，通常我会用比较夸张的形式语言。这是项目性质决定的，因为它属于酒店的配套，所以它的公共性没那么强。或者说，我不需要去承担吸引客人的责任。所以这个项目算是比较"建筑学本体"的，几乎所有的决策都是基于原有的形态、空间需求及当地的工艺做法，没有一个动作是为了刻意地"撩拨"。

唯一夸张一点的，可能就是镜面吊顶。但其实也没有其他太好的选择，从室外看，黑色金属屋顶跟毛石墙的衔接没问题，因为它们在形态上就发生了转折，材料在这里可以很自然地发生变化。但在室内，新老部分在形态上是连续的，可能只有镜面才能让两种材料过渡得顺畅一些。

李： 我看你在这本作品集里并列地放了好几个同类型的空间，比如非正规公共空间？你觉得这个项目对同类型的空间有什么启示吗？

胡： 非正规空间就是城市的"边角余料"。其实我觉得启示倒不是设计策略上的，因为设计策略还是应该基于具体的项目和具体的设计师，如果变成了"清一色"的，也就不叫非正规了。

所以我觉得它更多的是一个价值观上的，而不是一个设计方法上的。就是这些"边角余料"也是有城市价值的，通过设计，可以去扭转它的"消极性"。甚至这类空间对于使用者和设计者来说，会更加自由一些，因为资本和权力在这里的缺位，你反而能获得更大的自由度和空间权力。

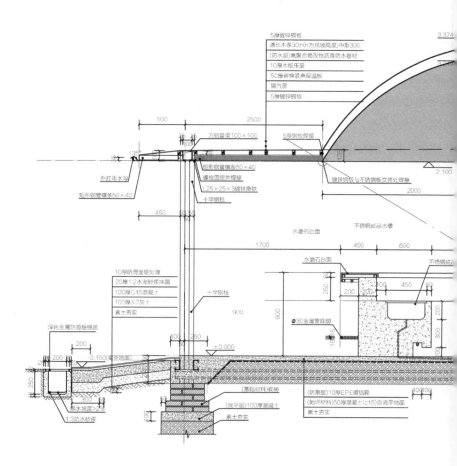

非正规性   4 洞子

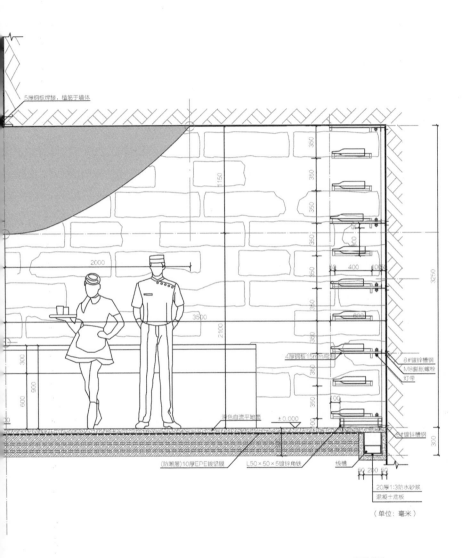

构造做法

日常基础设施
everyday infrastructure

堤下明灯：武汉"无艺术"书店
长江之帆：武汉"两江盘龙"号游船
依依千步：巴东"学堂街"千步梯
皮纸灯笼：龙游"起风了"河道护岸

自工业革命起,基础设施一直都是建成环境研究的重要讨论对象:一方面,作为凌驾于传统城市肌理的巨构,基础设施赋予了"现代性"以具体的外形,使抽象的"现代城市"概念浮现为清晰的奇观;另一方面,作为维持城市运转的"技术系统",基础设施通过注入机动、通达等"现代性"体验,建立了全新的城市生活方式,更为重要的是,一种全新的"城市人格"同时被塑造了出来。

如果说,最初以齐美尔、本雅明为代表的哲学家们对于基础设施的深刻思考,是发轫于19世纪欧洲中心城市(巴黎、柏林)所带来的现代性冲击。那么建筑学对于基础设施的集中讨论,则主要开始于第二次世界大战以后大兴土木的美国城市。近几年,"基建狂魔"中国又成了新的研究热点,并"为超越欧美经验的理论生产提供了肥沃土壤"。[1]

我们感兴趣的"日常基础设施"概念发展于格雷汉姆,与通常针对快速路、铁路、互联网这一类对象的兴趣不同,格雷汉姆通过对垃圾清扫、给排水、公共厕所这一类隐而不显的基础设施的讨论,聚焦于现代基础设施的日常经验向度。

而在具体的实践中,我们发现所谓的"城市日常",事实上是由各类技术系统不断重塑的日常。就如19世纪令哲学家们莫名惊讶并开启了"现代性"讨论的小汽车,在当代却早已跌落为熟视而终于无睹的日常事物。何谓日常?何谓城市?何谓建筑学?事实上是一个个不断流变的非稳定概念。

因此,与其说"日常基础设施"是一种类型,毋宁说它提供了一种观念:这两个词的组合本身就蕴含了对于技术和人之间辩证关系的思考。技术是日常的时间维度,即新的日常;日常是技术的空间维度,即与生活息息相关的技术。

---

[1] 豪克,凯勒,克莱因科特.基础设施城市化[M].朱蓉,徐怡丽,陈宇,译.武汉:华中科技大学出版社,2016.

技 术 与 日 常　　　　　　　　　　大 都 市 中 的 小 实 践

5 堤坝

堤下明灯：武汉"无艺术"书店

设计团队 / 胡兴，刘常明，李哲，余凯，巢文琦，孟纪宇，宋振旭
建筑技术设计合作单位 / 得森设计
施工团队 / 糯米装饰
业主 / 武汉在地文化旅游发展有限公司
项目地址 / 武汉市江岸区二七江滩
竣工时间 / 2022 年 5 月
建筑面积 / 45 平方米
摄影 / 赵奕龙，毕慧琳，SJ（壹阁&HeyWeGo）
制图：徐琰钧，任世洋

室内1∶12的地面斜坡

小朋友们是对地面坡度最敏感的人群

日常基础设施

5 堤坝

防洪

厢式防水墙廊是长江沿线防洪系统的最后一道关卡,其内部为进深 8 米左右的长条形空间,被鼓励用作各类商业经营门面。

然而,在我们印象中,这里更多的是会所、高端餐厅、茶室、豪车 4S 店,它们与江滩公园上奔跑放风筝、跳广场舞、遛狗散步的人们,形成了巨大的反差。

这次的店面改造,是该段落第一家真正打开大门,欢迎人们自由出入的日常空间。业主在任务书中主动提出了功能上的转变:由之前私人的、高级的"米苎文化馆"改为不设门禁的书店和展厅。

另外,作为武汉建筑师,在江堤上做项目显得格外有意义,毕竟 1998 年的洪水是我们最重要的童年记忆。

起坡

首要的问题是,作为防洪基础设施的一部分,这里每年汛期仍有被淹没的风险,因此我们的第一个决定就是室内地面以残疾人坡道的标准,整体按 1∶12 的斜率找坡,方便淹水后水能迅速排出。

而这一脚下突发的变化,也试图起到调整注意力、拉长体验的效果,让人们不至于觉得这小小的空间几秒钟就能够逛完。

此外,整个室内空间以 600 毫米为界,分为上下两个部分:展品与设备置于上半部,所用的饰面材料也更加"精贵";而在下半部,皆采用粗糙耐久的材料,如堤岸上常见的六边形护坡砖,完全不必担心会被泡在水里。

我们甚至不介意办一场打赤脚淌水进去看的"水上艺术展"。

97

身体

按最初的设计,我们打算让居中的咖啡岛台延伸至外部,并顺势落下成为一个高背椅,与对面的长廊形成呼应,充分整合周边环境要素,为书店未来的公共活动提供拓展的空间。但江滩物业叫停了这一"占道"行为,我们需要当场修改方案,便画了个曲线,让已挑出的部分又落回到红线之内。而这一偶得的、身体般柔软的"凸出部",却在运营过程中显得十分讨喜,来往的人都忍不住去摸一摸、靠一靠。

轴线

我们热切地期望用最小的代价,给予这个迷你书店与艺术馆一种意料之外的"体面"。因此我们决定采用一种端庄的、古典的"正面性"与"一点透视"构图。但这个空间有一处先天不足,其正立面上的两个柱子(现被空心砖包裹,内为空调机位)与室内空间不对称。

为了调和室内外错位的两根轴线,我们做了一个连续拱的门头与室内吊顶。试图让内部一点透视的空间从外面看不至于歪在一边,无论看外面,还是被看,好像都是对称的。

门头的连续拱,同时也是对"街坊们"的一种尊重:虽然自己希望能做出变化,但在交接处还是回到了和大家统一的高度上。"no art"的招牌被刻意地竖放,让门头很"自然"地被分成了两截,以便使用两块无缝的门头金属板。

本项目荣获:
2022 年第二届《安邸 AD》AD100 YOUNG
2022 年金堂奖 – 年度杰出公共空间设计
2022 年法国双面神 GPDP AWARD 国际设计奖 – 文化空间类银奖

日 常 基 础 设 施　　　　　　　　　　　　　　　　　　　5 堤坝

身体般柔软的吧台

99

有一种信念
无关艺术
一如花信
滴落心头
有一种期许
透过夜色
凝视火流星斗
既自我寻觅
又心心相守
烙下印记
还有对先贤的回眸

——胡乾午

日 常 基 础 设 施　　　　　　　　　　　　　　　5 堤坝

外观夜景

周卫 + 胡兴:"活着的"工业遗产 & 巨构的城市边界

嘉宾简介 / 华中科技大学建筑与城市规划学院教授,中国建筑学会工业建筑遗产专业委员会委员,中国文物学会工业遗产专业委员会委员

周: 武汉是一座江城,是一个与长江相伴相生的城市。长江年复一年季节性枯水期及丰水期交替出现,对武汉这座城市和城市人的日常生产生活影响深远。不妨设想一下,当我们从跨江的城市断面形态来审视这座城市与长江的关系,不难发现随着长江水位的涨落,武汉人的日常活动时而在长江水位线以上的城市空间展开,时而反之。后一种情形在 1931 年、1954 年、1998 年的夏季都曾出现过。尽管历史上特大洪水发生的概率有限,但它一旦发生,必然危及整个城市和城市人的生命及财产安全。为此,武汉在长江、汉江沿江段的两江四岸,大规模兴建了防洪大堤。由此可见堤坝这类城市基础设施对于武汉这座城市具有不可或缺性。

我注意到，你所设计的汉口二七江滩"无艺术"书店，是利用长江防洪大堤厢式防水墙廊中的一个防洪基础设施的结构单元空间，通过介入性设计改建成的一个小书店。书店本身的设计无疑具有特色。以下我们的对话，不妨围绕城市防洪基础设施及其基本结构单元的再利用来展开。

防洪大堤是为城市防洪而建造的，因此大堤自建成至今，它的初始功能和初始存在意义始终未变。同时随着时间的推移，这一特殊类型的城市基础设施派生出了新的意义，它本质上属于持续使用中"活着的"工业遗产，我指广义上的工业遗产。这意味着防洪大堤的存在，除具有它自身固有的价值外，还兼具城市工业遗产的多重价值。

现实中，我们发现武汉防洪大堤这类工业遗产，被植入新功能的现象并不少见，且所植入的城市功能种类繁多、方式方法不一。你如何看待这类空间现象？

胡： 这是一个很特殊的空间现象，因为它是需要在枯水期和丰水期之间切换状态的，历史最高水位线远在其室内标高之上，为确保城市安全，防洪大堤内的这些空间无论被植入了何种功能，通常都不可避免地将面对被淹没的现实。因此这里植入的新功能空间，理应耐水泡，能快速排水，且其中的人员、物资可以快速撤离。

从业主的空间策略上，能看出些特殊性：即使客单价再高的餐厅，也是不怎么装修的，业主自己做好了被淹的准备。但这也只是一种比较消极被动的应对方式。

而从现有的功能业态上看，似乎跟普通沿街商铺已没有什么区别，在招标与采购网上可以查到，现在大部分厢式防水墙廊就是作为普通商铺出租的，均价每月每平方米 100 元，没有任何功能限制。

技术与日常 　　　　　　　　大都市中的小实践

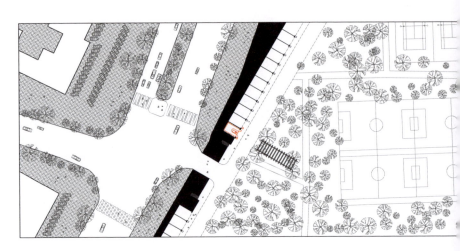

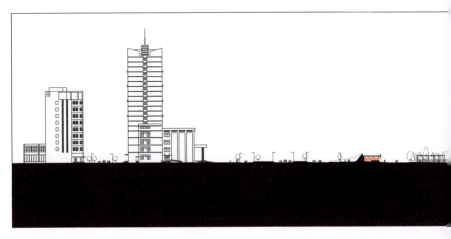

日 常 基 础 设 施

5 堤坝

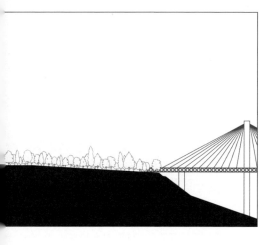

厢式防水墙廊与城市的关系

105

这种现象的出现可能是因为厢式防水墙廊作为最后一段防线，是整个防洪体系的最高点，它被淹没的概率并不是很大。所以我们会看到，这里植入的城市功能种类越来越繁多，好像没有因其是防洪设施而加以区别。只有在极端的汛期，才会触发这种特殊的空间状态：物业会关闭江滩，通知所有商铺在门口垒好沙袋后撤出。但这种现象极其罕见，我们的业主是当年首批入驻二七江滩这一段的商户，只在2018年被要求撤离过一次，即使2024年涨水那么严重，也只是发出了预警，并没有真正关门。总的来说，可能由于建成后尚未遭遇过真正严峻的考验，这里植入的新城市功能没有足够重视防洪这一大背景，并为此做出过任何积极的空间应对。

周：你是否认为防洪大堤既有结构单元与新植入功能之间，存在基于价值判断的适配性问题？如果答案是肯定的，你的小书店设计中运用了哪些设计策略应对这类问题？

胡：这类空间理应具有基于价值判断的功能适配。一方面，这些结构单元的技术价值是毋庸置疑的，由"墙"拓展为"厢"，可以提升整体的结构强度，防洪是它最根本的价值，所以新植入的功能是不允许触及原有墙体结构的，管线都只能从顶部穿出。另一方面，这些"厢"被作为使用空间出租，又产生了经济价值。

但我个人最关注的还是它的社会价值，而从江滩整体的现状来看，我认为在这个维度上它是严重"失配"的。因为武汉大部分的厢式防水墙廊都被高级的私人会所、茶室和餐厅所占据，它们与滨江十分日常的公共生活毫无关联。况且这些空间本身狭小、热工性能差、漏水严重，也没有景观与充足的采光，无论从社会价值还是经济价值上讲，这些"消极"空间都与"高级"和"私人"格格不入。我觉得这种令人费解的"失配"现象，只是其特殊的权属关系与分包模式造成的。

日 常 基 础 设 施　　　　　　　　　　　　　　　　　5 堤坝

公共、开放、日常的"无艺术"书店

↑
"无艺术"书店作为城市宏伟蓝图的一部分

在我心目中，它应该是"公共的""开放的""日常的"。这样才能跟延绵整座城市、不收门票的江滩公园相匹配。因此，在设计小书店的时候，我们所有的动作都在将室内空间向外推，或者说向外延伸，包括吧台的位置、地面的坡度及吊顶的形式，整个外界面也都是透明的、可以全部开启的。

周： 防洪大堤是由一系列结构选型相同、空间形态重复的结构单元组成的技术空间体系。当你对防洪大堤整个空间体系中的一个"单细胞"展开介入性设计并将一个小书店植入其中时，你是否意识到对这类结构单元的再设计，实际上是一次促使消极空间转变为积极空间的设计行动？你能否借由"无艺术"书店的设计，尝试着从局部到整体谈谈这类设计行动对于武汉滨水空间，甚至国内同类滨水空间的普适性城市意义？

胡： 至少在政府、开发商的眼中，这个小小的书店，确实成了他们宏伟城市愿景的一部分。

看看大尺度的总平面和剖面，就会发现，一条贯穿城市的带状公园，与一条线型的厢式墙廊空间，若能构成一种服务与被服务的关系，将是绝配。它的形成虽是以防洪为目标的理性结果，但却堪比任何天才的公园设计，甚至比库哈斯在拉·维莱特公园做的"条带"公园方案更加纯粹和锐利。无论之后会如何发展，这个小单元的功能转变，及其空间开放度的转变，从一开始，背后跟随的就是推动整个滨江空间更加具有公共性的"宏大"愿望。这完全不是事后的"修饰"，而是在我博士论文紧张的收尾阶段，设计费也并不高的情况下，业主与设计师的愿望达成一致后，做出的尝试。因为我们都觉得整个厢式防水墙廊都应该为江滩公园的公共生活服务。

周： 防洪大堤对于城市而言，毫无疑问是一个有形的屏障，同时也是一个巨构的城市边界，尽管它和城市之间存在着断断续续的空间关系。而就边界而论，任何边界都具有双重空间属性：它既是一个区域的终结之处，又是另一个区域开始的地方。具体到汉口二七江滩防洪大堤的"无艺术"书店，我们发现它处于背城面江的大堤内侧，也即似乎它的建成与它所期待的城市潜在使用人群之间，存在着一定的二律背反的关系。你怎样看待这种人和空间的关系？

胡： "边界"是我最喜欢的一种空间要素。黑格尔说，划分了两种事物的边界，本身就是一种新的事物。在自然生态中，边界往往是生物交流最频繁的地方。海洋不同温度层的交界处，是微生物的聚集地，以它们为食的鱼群被吸引，随之而来的还有经验丰富的渔民。而这种生物现象和我们看到的城市现象是一致的。厢式防水墙廊就是这样一条有厚度的边界，在城市与长江之间增加了一个层次。当水位涨至防洪大堤设定的最高水位时，城市人群的活动范围自然被压缩到防洪大堤以外；而当洪水退去，江滩再度显露出来时，大堤内外的公共空间又融为一体，滨江活动从这里开始。

当然，毕竟主体结构是一道防洪墙，它不可避免地造成了割裂，其空间的开口方向，也必须在"面城"还是"面江"之间做出唯一的选择。事实上，从其总体分布上能够看出来，这些结构单元在被建造的时候，已经有意识地在尽量朝向潜在人流方向：有江滩公园的段落，皆是防洪墙在城市一侧，空间开口朝向公园与长江；而无江滩公园的段落，皆是防洪墙在长江一侧，空间开口朝向城市道路。

具体到这个书店，它服务的对象一种是江滩公园的游客，另一种是驱车来参加书店活动的目的性消费者，他们需先去江滩停车场停车，所以书店主要的人流就是从大堤内侧而来的。

日 常 基 础 设 施　　　　　　　　　　　　　　　5 堤坝

业态分布及开口方向

日常基础设施　　　　　　　　　　　　　　　　　　　5 堤坝

鸟瞰图

113

6 轮渡

长江之帆：武汉"两江盘龙"号游船

学术指导 / 郝少波
设计团队 / 胡兴，刘常明，李哲，严春阳，胡康鑫，夏祥天，罗婷锴
船舶设计单位 / 武汉长江船舶设计院有限公司
船舶设计团队 / 徐伟，徐强，顿秀媛
船舶建造单位 / 中国船舶集团武汉船舶工业有限公司
业主 / 武汉两江游览轮船旅游有限公司
项目地址 / 武汉市月亮湾码头
竣工时间 / 2022 年 12 月
建筑 / 4000 平方米
摄影 / 玩摄堂，李哲，沈一方

游船和背景中的高楼大厦

天际线

　　汉口、武昌、汉阳三镇的形态顺着长江与汉水的走向，沿其两岸展开。在江城武汉，"上游、下游"曾经是居民最主要的定位方式。而随着城市的扩张，以及过江桥梁和隧道的建设高潮，武汉的格局进入围绕"过江通道"扩展的环线模式。居民出行时的话语由"过不过江？"转变为"去几环？"。时至今日，长江之于江城，已不再是一种地理坐标概念，而是一种景观概念，一个观看城市奇观的标签。

　　在高楼大厦鳞次栉比的当代城市，好像只有沿江城市才有继续讨论"天际线"这一术语的条件。大江大河，就像是城市的剖切面，让这个巨型人造物的轮廓和细节得以向人们敞开。而在两岸的互相注视下，武汉的天际线近年来愈发的高耸，到了夜间，它们又化身为巨型的城市灯光秀舞台，当然，还有江心游弋的一艘艘彩灯游船，与之遥相辉映。

游船

　　本设计是对"两江盘龙"号婚宴型游船的设计，该船为全钢质焊接结构的双体船，配双桨、双舵，船总长61米，型宽22米，型深4米，最高航速为每小时20千米，最大载客量达750人。而在我们眼中，更希望将其视作一栋面积为4000平方米三层楼高的公共建筑。

　　事实上，作为一种交通工具与工业产品的大轮船，从柯布西耶到史蒂文·霍尔，一直都是现代主义学习或是隐喻的对象。但当我们真正打算以建筑的眼光去审视一艘船时，会立刻发现其本质性的区别：它并不如建筑那般锚固于场地，而是江城天际线中一个移动的要素。它没有固定的邻居，却有机会与任何一座塔楼产生临时的关联。基于这一特性，我们确定了该船最恰当的外形特征：中性、水平延展、无方向性、半透明。

十字拱

  由于船身受限于功能与技术上的基本需求，我们将造型重点放在了顶层阳光夹板的遮阳棚上。其形式由十字拱发展而来，一方面在长轴上形成用于举办婚礼仪式的纪念性空间，另一方面实现四面框景，在船行过程中，不断裁剪两江四岸的景致。

  顶棚采用半透明的张拉膜结构。我们按照过往在建筑领域的惯例，先提交了一个自认为可行的钢结构形式，等待船舶设计师的沟通或是修改意见，然后进入建筑与结构相互磨合的漫长阶段。但出乎意料的顺利，未经一次反复，整个钢架就几乎被原样建了出来。而且作为跨度达 20 米的拱顶，它所采用的杆件断面规格比我们设想的要更加纤细。与船舶设计师的合作，对我们而言是一次十分特殊的经历，如果说轻盈在建筑上更多的是一种审美追求的话，在船上，它关联的是整体的性能。

本项目荣获：
2024 年西班牙 AMA 国际建筑设计大奖（ARCHITECTURE MADRID AWARDS）- 交通建筑类银奖

日 常 基 础 设 施

6 轮渡

它没有固定的邻居,却有机会与任何一座塔楼产生临时的关联

技术与日常　　　　　　　　　　　　　　大都市中的小实践

被裁剪的江景

日常基础设施

6 轮渡

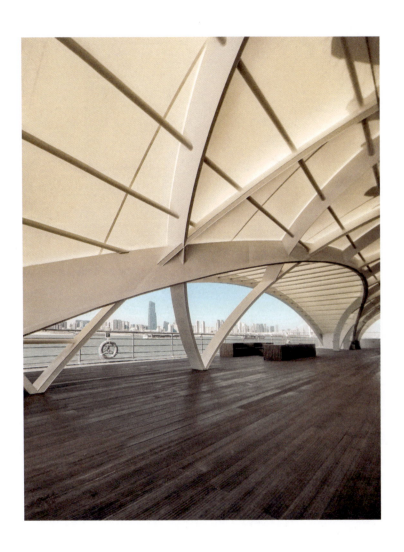

顶棚结构

沈劲夫 + 胡兴：一只漂浮的大球鞋

嘉宾简介 / 武汉设计联盟学会秘书长，湖北大学艺术与设计学院副教授，HOWONE MAX STUDIO 设计主持人

沈： 武汉人坐汽车、轮渡往来于三镇叫"过江"，这是武汉交通多样性的体现，也是这个城市的生活历史。你如何看待这种具有历史性的日常场景？你又将如何在长江上制造新的风景？

胡： 小时候经常坐轮渡，但那时看不到船长什么模样，只记得码头的形象，因为一路穿过廊桥走到船里头，一直都在室内待着。现在大家不怎么坐轮渡了，那些船的形象却越来越深入人心，有了江滩公园、沿江灯光秀、各种大桥，轮渡更多的是一种被观看的对象。

所以这艘船的外观/立面设计很重要。但那么大的滨江天际线，这么小的船，它就不能太啰唆，需要一个简洁明了的形式，才能形成这种跨尺度的对话。

日常基础设施

6 轮渡

一座游弋的"公共建筑"

技术与日常　　　　　　　　　　　　大都市中的小实践

夜晚的游船

沈："轮渡"或"轮船"是武汉人日常通勤的称谓,这艘船严格来说是一艘观光游轮,或主题性商业游轮,是非日常性的。如果是你的婚礼,你会选择它作为你的婚礼主场吗?

会或不会都是自由的,不要紧张,有个问题我很好奇,想问问你:作为这个项目的设计师,你又将如何制造"你"的人生时刻或惊喜?这个问题看起来很私人化,但也是作为场景制造者要面对的问题,我们制造了"壳体",如何让它变得更有想象力,而不仅仅是一个游移空间。

胡:我永远不会去那儿办婚礼的,我甚至不觉得结婚需要一场仪式。

这样说可能有点奇怪,虽然我的工作,就是去创造让人们惊奇、兴奋的场景,去排起大长队消费,打卡发朋友圈,但这却都不是我平时会去做的事。我自己的日常生活是非常单调的、反仪式的,所以可以说,我在构想场景时都是用"第三人称"去代入想象的。

合格的创作者,应该具备这样的想象和移情能力,失聪的贝多芬也能写出《命运交响曲》。并且,长期以一种旁观者的视角去审视各种光怪陆离的"场景",或许更有利于保持新鲜感和敏锐感。

沈:这艘船的方案基本是一稿过,对于设计师而言这是最爽的事情,这些经历可以给自我信心和能量补给。贝聿铭说:成功是已解决问题的积累。现在回想起来,你有什么问题是当时忽略或现在觉得还有更好的解决方案吗?你会去反思过去的设计吗?

胡:是结构方案一稿过,外观方案经历了很多轮,毕竟这会是武汉的城市名片,需要听取各部门的意见。

现在回想,当时我的选择在很多方面还是趋于保守,尤其在构造细节和材料的使用上。因为这是一个与建筑行业截然不同的体系,它的工业化程度非常高,各个环节区分得很清晰。比如我是无法去工地巡场的，更不可能像建筑师那样，主导整个上下游，配合着去做一些材料和工艺上的实验。一旦它上了造船厂的船坞，就进入了一个与我无关的生产环节。

沈： 你说你更希望"将其视作一栋面积为 4000 平方米三层楼高的公共建筑"。你看到了它的移动性是与地面建筑的区别，就好比建筑是话剧的舞台，是定机视角，游轮是电影场景，是多视角或者说是游机视角。这个问题是景观学或环境设计中会产生的思维模式。从建筑师的角度，往往都会去思考建筑的在地性，地域文化或建筑的识别性等问题，并体现在项目中。

这条船，你如何在"无背景"的条件下体现建筑思维，即思考地域文化和可识别性这类问题的。

胡： 这种"无地性"或许会令欧洲建筑师很困扰，但中国建筑师应该已经比较习惯了。您看武汉的城市口号——"每天不一样"，我们即便在地面做建筑，周边的环境要素也是极不稳定的，你的邻居随时都在"日新月异"，你对着山头开了扇窗，过两天就发现山头被铲平了。

当然，船具有一种更加彻底的"无地性"，虽然它的移动还是被限制在一个固定的区域内，有一个相对确切的背景，但还是让人觉得无从下手，找不到充分的线索。通常来说我对一个新题材会越做越有想法，但若让我再设计一艘船，我可能真想不出还能怎么做。

沈： 问了这么多问题，我们聊点轻松的事情吧。虽然这次互动是相对严肃的对话，但我还是不想聊得太学术。其实，我第一眼看到这个项目或这艘船的时候，就觉得它是想象中的一个大玩具或是一只漂浮的大球鞋。你有没有想过在你的项目实践中"去建筑化"？

胡： 其实初衷是反过来的，我是想把船给"建筑化"。就像意大利建筑师 Ernesto Rogers 提的"从勺子到城市"，大多数建筑师都会倾

日 常 基 础 设 施　　　　　　　　　　6 轮渡

游船通过长江大桥

技术与日常　　　　　　　　　　　　　　　　大都市中的小实践

项目环境

向于把一切都建筑化地去看待。

您说它像一只大球鞋，我很开心，球鞋是一种视觉整体感很强的产品，且高度整合了功能性与艺术性，超过大多数建筑。

沈： 这艘船你的设定是"无方向性"，我很喜欢，你的设计实践有方向性吗？你觉得未来设计师或建筑师如何通过设计思考和实践来进行自我进化？

胡： 我的设计工作有很明确的方向性，它是配合我的理论思考"城市日常生活"这个领域的。我甚至觉得自己更像一个社会学的研究者，而非职业建筑师。而且更棒的是，除了分析和观察，因为有建筑学的技能，我还有实实在在去改变物质环境的机会。

未来随着设计辅助工具越来越发达，这种分析和观察可能会更加重要，决定设计师高度的不是设计技巧，而是对世界的认知和见解。

沈： 在图像时代，你如何看待摄影师的角色？现实世界与图像世界谁是你更在意的？

胡： 我很在意摄影师的角色，包括社交媒体上大众拍摄的图像。

事实上，建筑师的工作究竟是在制造空间还是在制造图像，当下已密不可分，我们的作品正同时以这两种方式在被大众体验、传播和评价。

沈： 十字拱和内部的钢结构造型很漂亮，也很艺术。这艘船顶层的大露台，夏天会很热吗？冬天呢，是不是也很冷？最后一个问题，是不是有点儿不着边际？

胡： 大露台那里当然是夏热冬冷的，船总共有三层，下面两层是有空调的室内空间。但作为夜游船，加之江风拂面，大露台在一年中的大部分时间还是舒适的。人们通常是在下面吃自助餐，一旦船起锚开动，就会纷纷涌上大露台。

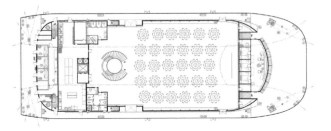

主甲板（1F） 宴会甲板（2F）

日 常 基 础 设 施

6 轮渡

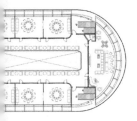
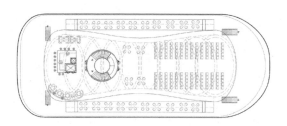

阳光甲板（3F）

技术与日常　　　　　　　　　　　　大都市中的小实践

日 常 基 础 设 施　　　　　　　　6 轮渡

↑
"两江盘龙"号游船

7 梯道

依依千步：巴东"学堂街"千步梯

设计团队 / 胡兴，刘常明，余凯，刘珊玮，赵逸飞
规划设计 / 华中科技大学，武汉轻工建筑设计有限公司
团队人员 / 郝少波，贾静，胡小燕，黄海燕，龚雪芹，刘典年，蒲冲
项目地址 / 湖北省巴东县神农溪新区
设计时间 / 2013 年 6 月
建筑面积 / 420 平方米

技术与日常　　　　　　　　　　　　　　大都市中的小实践

巴东地形

7 梯道

山地

本项目是湖北省巴东县神农溪新区内的一座景观梯道设计。

在"截断巫山云雨"之后,高峡和老城区都成了平湖,这是一座在更高的山坡上建起的新城。总规划用地面积 252000 平方米,总共安置搬迁居民 2800 户。

战天斗地的巴东人在向大山争取生存空间的过程中也付出了不小的代价:动辄近百米长的梯道构成了这座城市全部的南北向交通线。

在地球的另一端,威尼斯的水道造就了独一无二的城市景观和生活方式,梯道在巴东却从未被视作优势,它被放到了城市规划的末位,成了到最后迫不得已、草草了事的基础设施,再用景观绿化悄悄掩盖起来。其实密布全城的水道和梯道都是大自然带来的"不方便",但它们分别成了威尼斯的礼物和巴东的隐疾。

弥合

本方案尝试将一个纯粹的交通设施设计成一栋盘旋而上的建筑,在不同标高上与周遭发生关系,并容纳商业、娱乐与公共服务设施。

不仅是用楼梯来实现物理上的连接,更是用连续的生活场景来弥合被高差切割成一条一条的城市。

建筑学关于基础设施的思考与介入由来已久,其中一股很重要的思潮(如斯坦·艾伦和黛娜·卡夫)就是试图从反纪念性、重功能的基础设施身上汲取养分,为建筑学重新注入强有力的实用性,来抵抗已被后现代文化施以泛滥意义的符号式建筑。对此,我们在探索更具创造性的基础设施设计策略的同时,希望继续持有它原本的那份理性的"纯真",在手法上尽量做到恰如其分,甚至不着痕迹。

折叠

我们首先将冗长的梯道打断并折叠起来,迂回的线路互相遮挡,模糊其令人畏惧的真实长度。转折所形成的夹角中会出现大量的"空白",它们不仅仅是休息平台,更是生活的舞台,期待人的活动,发生一些有趣的事。不同的折叠方式被尝试,试图与周遭的土坡和住宅楼发生更多的关系,犬牙交错地融入城市景观和日常生活,并最终振兴它们。

整个梯道由三个标准的正三角形单元体组成,在每个单元中,梯段占据两个边,围合出一个正三角形的平台,而梯段的侧面则暴露在这个平台前,形成进入梯段下方空间的入口界面,使得这些剩余空间可以被充分使用,也使这座交通设施有机会成为一个具有丰富内容的"房子"。

生长

作为衔接北面商务区与南面居住区的交通要道,在我们的设想中,这座梯道可以承载周边居民的绝大多数日常活动:

人们拾级而上去工作单位的途中,可以先在一楼的面馆里吃个早饭,旁边还有公共厕所;

下班回家的途中就顺便在三楼的超市中买个菜;

有的人甚至可以在这里找一份工作,比如去二楼的酒吧做个驻唱,或许再将四楼的小单间租下来做乐队排练室。

人们带着不同的目的来到这里,爬上爬下,不断地相遇、对视,甚至临时转换角色,它是一个不断变化生长的平衡体系。

日 常 基 础 设 施

7 梯道

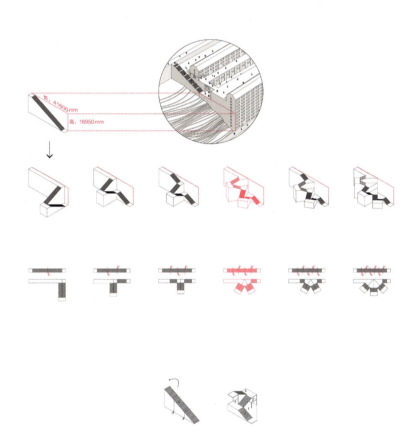

楼梯折叠方式推敲

技术与日常　　　　　　　　　　　　　　　　　大都市中的小实践

日常基础设施　　　　　　　　　　　　　　　　　　　7 梯道

爆炸轴测图：盘旋的空间与交织的生活

王振 + 胡兴：作为一种学科的基础设施建筑学

嘉宾简介 / 华中科技大学建筑与城市规划学院副教授、博导

王： 首先我想讨论一下基础设施本身的定义，或者说这个研究对象，我记得你博士论文研究的就是这个。

其实传统意义上我们说的基础设施就是隐蔽工程，比如地下管廊，这些我们大家不太关注的地方。后来这个事情就慢慢变成了大家讨论的一个热点，我觉得很大程度上受西方观念的影响，就是关注到人，也就是你所研究的这一块：日常基础设施。

以前我们理解日常或是非正式空间这些跟人直接相关的空间，是比较碎片化、自下而上的东西，过去不会称其为基础设施。如果我们谈城市基础设施的话，国家在1988年出了一个关于城市基础设施的标准，里面罗列了六大类城市基础设施，包括我刚才说的隐蔽工程，

它们都是比较系统化的,带有一种自上而下的规划视角。

所以"什么是基础设施?",我们首先要探讨这个前提,让我们有一个共同的语境。

胡: 我之前写博士论文的时候,其实就遇到过这个麻烦。一说基础设施,好像大家都很熟悉,但是真的要界定出来什么是或什么不是基础设施,界限在哪,好像很困难。

从词源上讲,最早基础设施指的就是铁轨下面的枕木,之后这个词在经济学领域发展,它的指代很宽泛,比如在有的经济学者那里,整个农业都算基础设施。现在建筑学的基础设施定义有两个来源:一个是世界银行有一个定义,另一个就是您刚才说的城市基础设施的标准,六大类型,水利水电、邮电通信之类的。

但这些都只是行业上的划分方式,当我们从空间的角度去看,它好像是个套叠关系:比如我们可以说水龙头是卫生间的基础设施,卫生间又是这栋教学楼的基础设施,教学楼又是整个学校的基础设施,而学校、教育体系又是一个国家的基础设施。

王: 所以基础设施是个相对关系是吧?

胡: 对,有点像服务与被服务这种关系一样。

我当时的定义是,一方面,基础设施是维持城市运转的一种技术系统,是一个庞杂的系统,比方说水龙头,只是一个可见的终端,它背后连接的是一整个庞杂的给排水系统,维持着城市的运转。

另一方面,我觉得对基础设施的关注,经过了两波风潮。第一波就是第二次世界大战后美国的大基建,1956 年,《联邦援助公路法》推进全美国铺开做高速公路,城市理论研究者意识到了它的重要性。最先开始的是班纳姆,他发现 20 世纪 70 年代的洛杉矶已经是完全不同的城市了,它的城市肌理完全是由高速公路定义的。第二波可能就是进入存量时代，没有那么多房子盖了嘛，建筑师就想开辟新的实践领域了，开始琢磨水电站是不是可以让我们来设计一下，高架桥也可以让我们来设计一下，它们已经不再是一个个建筑单体了，而是服务于整个技术系统的一些终端，或者说设施。

王： 这个里面其实也有一个很有意思的东西：我们对基础设施的认识有几个阶段。第一个阶段就是纪念物，在以前传统的西方城市就是教堂、市政厅、大广场，那个时候很少去提基础设施。在城市现代化之后，城市的运行就像人的身体一样，它需要进行补给，就开始出现了比如地下管网这些系统性的工程，它是城市运作背后的一个技术系统，就像血管一样。

第二个阶段就是我刚才说的为什么西方再去提这个东西，是因为在后工业化的时候，这种系统不能真正涵盖所有，这个变化就在于对人们自身、对个体的一种关注，其实它是跟系统对抗的一种东西。我们说的传统基础设施，它几乎是百年工程、千年工程，比如像都江堰这种水利基础设施，比建筑的生命是要长久的。但是现在已经发生变化，我们谈的日常基础设施，它们往往是短暂的、机动性的，它的生命可能就10年、20年，但是它又跟人的日常生活是形影不离的。这个里面我觉得是有一个语境的转换。

胡： 就像这本书的主书名定的就是"技术与日常"，一个自上而下，一个自下而上，两者之间有冲突。早在1903年，齐美尔针对现代性讨论出版了一个经典的文本：《大都会与精神生活》。他说现代性讨论最深刻的问题，就是个体的自由怎么去对抗被统一化、归一化。

王： 有本书叫《大教堂与集市》，建筑学以前关注的都是带有一种精神崇拜的纪念物，但当代生活可能与这种看似杂乱无章的日常关联更紧，像市场这些。人们越来越注重自己的个体自由，对个体的感观或

日常基础设施

7 梯道

者生活更关注。

你项目的所在地巴东,拥有梯道这样一种比较特殊的交通基础设施,因为它是沿长江走的。以前武汉叫"扁担",重庆叫"棒棒",就是把货物从底下挑上去的人,解决的是一些基本的生活问题。我想讨论它是一个个案,还是带有一些普遍意义,或者在什么语境上面去解释这个东西。

胡: 要说普遍性的话,巴东的梯道,我觉得其实就是道路。因为整个城市是沿山而建的,所有的车行道都是横向的,但纵向的一定全是梯道,所以它只是形式特殊的一种道路而已。

王: 长江中上游水流比较急,不像下游平缓,像巴东这种城市,陡坎比较多,这是它独有的地形地貌决定的。但是人又是沿水而居的,人们必须通过这种方式去解决生存的问题。所以你讨论的巴东是有很强的地域性的,这个地域性孕育了这种特有的基础设施,在这个交通基础设施上面又延伸出人的一种生活状态。因为"棒棒"也好,"扁担"也好,他们必须有地方休息,要歇一下,还有地方能吃个饭,那么,跟梯道这种基础设施共生出来的各种生活场景就出来了。所以在你的表达里,我理解这种基础设施具有一定的代表性,代表这种长江中上游城市的状况。

胡: 这个项目本身还挺特殊的,因为新城区跟老巴东城还不一样,我觉得最大的区别是"密度"。老的巴东城建筑非常密集,建设的时候没有什么退距,或者说日照的规范限制。所以它的城市梯道的状态是完全不一样的,人们走的时候不会觉得特别累,或者感到恐惧,因为它始终穿行在各个建筑中间,造成了行走时的丰富性。但是在巴东新城没有了这种密度,房子之间都有巨大的退距,梯道和建筑间紧密的关联没有了,成了孤零零的景观。

技术与日常　　　　　　　　　　　　　　　　大都市中的小实践

1：200 草模

王: 这又是另外一个很有意思的话题。原来的老巴东是几百年、几千年慢慢生长出来的,依凭河道发展,最早可能也就是一个小村子,一个人类的聚集点,聚落慢慢生长,变成一个城市。所以老城当中的楼梯是跟生活息息相关的,这种自下而上的过程考虑了很多复杂的因素,包含了地形的、生活的各种要求。

胡: 相比而言,新城当中的梯道就很恐怖,直通通地上去,两边什么都没有。

王: 因为它是自上而下的嘛,短时间内出于功能需求建的东西。要经受时间的打磨,过个 10 年、50 年可能会重新调整不舒服的地方,比如某个地方风景好,就出现一个驿站、观景亭,然后有人停留了,可能商店就出来了,大家觉得很舒服,还想住一两晚,酒店就出来了。

所以说统一去规划其实是很难的,因为它是一个永远动态生长的过程,也就是你对基础设施的理解,因为你面对的,不管是从地形,还是从人的具体生活需求来说,都是碎片化、个性化的东西。我们认为可以自上而下统一规划,但往往缺乏活力,也不符合我们真正对于日常基础设施的理解。

胡: 我们之后提的日常基础设施的概念,其实是形容这样一个转变:现在看到的基础设施,它的系统本身变得越来越不可见,之前像高架桥、罗马那种输水管道,它们是可见的,巨大的可见,但现在的新兴基础设施,比如物流、信息基础设施,它们隐藏起了背后的庞大系统,当然它们会创造出新的空间,比如快递驿站,或者地铁站出入口,但这些事实上是那些庞杂技术系统的小巧终端,具体呈现在我们的城市空间当中。

王: 基础设施有非常复杂的层次,有一部分是隐蔽的,有一部分又像毛细血管一样渗透到各个肌肉,是一个无处不在的支撑系统。所以这个也是讨论日常基础设施的意义所在，因为正是它的机动性、灵活性、数量庞大，才让城市更有活力。

我现在觉得它有没有可能成为一种专业，基础设施这个概念本身具有研究的广阔性，而这个领域放到土木，放到管理学，放到我们建筑学，好像都不是特别核心的议题。

胡：基础设施都市主义差不多就是这个观念。它认为随着现代技术的发展，城市本身就是一个基础设施，建筑其实变成基础设施的一个终端而已，我们需要以这个思路去重新理解建筑。

王：从以前的大规模建设时代到现在的存量时代，这个问题会尤为突出。因为旧城改造也好，或者是说城市更新也好，其实做的是重新梳理的一个工作，它不专注于某一个建筑。

在我们当代，可能建筑学这个学科关注的不再是建筑了。比如说城市化率达到70%以后，既有的建筑已经满足了我们基本的居住需求，剩下的居住之外的休闲娱乐、出游等，这些可能需要通过基础设施去满足。所以人类有可能不再做建筑了，但是基础设施是必须做下去的。

胡：王子耕有一个观点，他说将来可能只会有三种建筑：居住单元、基础设施建筑，再一种就是奇观建筑。

王：我非常赞同。所以这块内容有可能从建筑学里面衍生出来，成为一种新的方向。城市设计和基础设施关联起来，去推动一种建筑学的发展。甚至成为一个学科——基础设施建筑学。

最后我想谈一谈，日常基础设施跟绿色基础设施这两个概念，我始终认为它们是当代特别重要的思潮，一个偏重于社会性，一个偏重于生态性。我们早些年可能偏注于工程，偏重于纪念物，但是我们现在讨论的一些当代议题里面，更多是跟人的日常生活息息相关。

像张斌老师设计的沿着黄浦江的一系列驿站，是日常基础设施，

日常基础设施 7 梯道

1∶50 模型细部

1：50 模型细部

其实某种意义上也属于绿色基础设施。我们是这样定义的：它包含两个方面，一方面是所谓的绿色空间（green space），另外一个方面就是具有绿色潜力的建筑物，比如它具有生态价值，能够促进健康，提供休憩场地，这种也算绿色基础设施。这是目前观念上的一种变化，以前我们认为的绿色基础设施，只是个冷冰冰的，纯粹物理环境量的东西，但实际上不管是社会的维度，还是生态的维度，最终还是需要落到人身上。

所以在某种程度上，我说张斌老师做的驿站，就是绿色基础设施的一种终端，是具有绿色潜力的建筑物，跟绿色空间组成了一个整体系统，来满足人在生态环境里促进健康的需求。

胡：其实我一直觉得，这些驿站具有日常的特征，但没有基础设施的特征，因为它不属于任何技术系统。我觉得所谓的基础设施空间，有两种：一种就是对传统基础设施空间的再利用，比如说给高架桥的桥下空间赋予生活功能；另一种就是新兴的日常基础设施，比如快递驿站。这两者都很明显是技术系统，或者是系统终端，只有符合这个要求，才能被定义为基础设施空间。

王：这个定义挺好，第一种就像刘珩老师设计的那个净水厂，就是比较典型的一个作品，在传统的基础设施上面附着一些城市的公共功能，在这个上面去叠加人的日常生活。另一种就是新兴涌现的，随着当代社会发展的，比如信息技术，衍生出更多的服务产业，像菜鸟驿站，它可能有覆盖范围，比如500米范围内必须有一个，它们同样跟人的生活密切相关。

胡：我觉得可以这么定义：一种是技术和日常的叠加，在既有的技术系统上面叠加上日常生活，另一种就是技术系统所演化出的日常终端。

技术与日常　　　　　　　　　　　　　　　大都市中的小实践

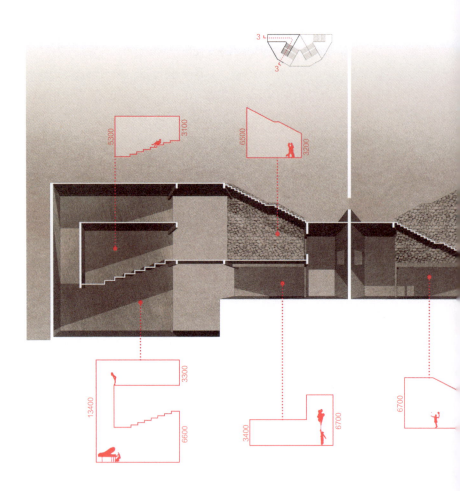

本项目荣获：
2021 年 IAF 锋建筑节 –"未建成"设计作品组优胜奖

日常基础设施　　　　　　　　　　　　　　7 梯道

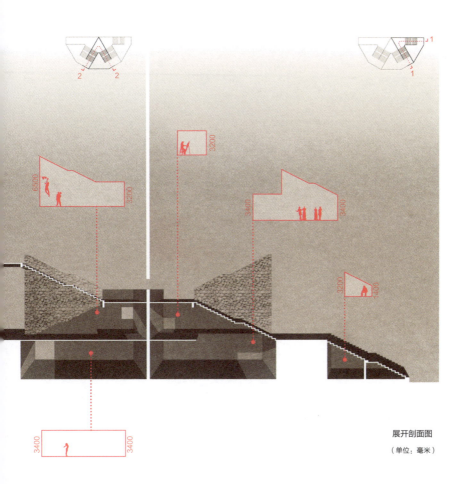

展开剖面图

（单位：毫米）

153

技 术 与 日 常　　　　　　　　　　　　大 都 市 中 的 小 实 践

8 河岸

皮纸灯笼：龙游"起风了"河道护岸

设计团队　/　胡兴，刘常明，李哲，严春阳，罗婷锴，李红玉，尹若冰，曾思敏，彭越，彭泓宇
施工团队　/　研哲建筑装饰（上海）有限公司
灯光设计　/　石客照明
钢结构　　/　龙游小陈机械修理部
项目地址　/　浙江省衢州市龙游县
主办单位　/　龙游县人民政府
承办单位　/　龙游县龙游濲建设管理中心，龙游县交通投资集团有限公司
联合发起　/　中国城市规划设计研究院，上海风语筑文化科技股份有限公司，上海哔哩哔哩科技有限公司
竣工时间　/　2023 年 10 月
建筑面积　/　240 平方米
摄影　　　/　Arch Nango

码头

"起风了"在整个景观带的末端，我们最初的设计任务是小型码头设计，计划停靠两艘 20～30 米长的中型游船。

从建筑类型上讲，码头、露天泳池、跳水台、垂钓台……都十分形似，仅仅因为搭配了栏杆、爬梯、拴船桩，或是条凳等不同的构件，一人宽的高架栈桥，就可以实现多重身份的转换。所以我们以单柱式高架栈桥为原型，发展出 5 种类型的单元模块，以应对不同的环境与功能需求。

而码头的总平面，是在航线、江岸、道路及村落的相对关系中，推敲出来的：

大体上是一个十字形，分别顺应来自两个方向的航线；

它和江岸之间产生的夹角，可以围合出泳池区域；

它伸入陆地的延长线，又正好穿越农田，正对着村口。

护坡

然而，因考虑行洪安全，经多方论证，"起风了"的功能由最初深入江心的码头，退回至衢江岸边，成为防洪护坡的一部分。

我们作为来自江城武汉的设计团队，对村民们在江边钓鱼、洗衣、纳凉的场景感到十分熟悉，仿佛回到了在江堤上度过的童年时光：在倾斜的护坡上席地而坐，变成夕阳中的剪影，当然还有徐徐吹来的江风。

这也许是属于所有滨江居民共同的生活景观，它生动得足以超越时空。

日 常 基 础 设 施 8 河岸

乡村景观

乡村生活

平台

"起风了"是在江水、道路、农田之间增加的一道层次。

顺着水位线，我们依次使用镂空钢格板、六边形护坡砖、混凝土，在不同标高上设置了多级平台。

最下层会在涨水期间被淹没，镂空的地面材料便于排水；中段为顺应地势的护坡，以及逐级而下的大台阶；最顶部为凌空而过的挑台，将人们直接从道路引向江面。

在不同的高度上，有各种设施让村民们可坐可躺、可远眺可纳凉，或开展各项与水有关的活动。

灯塔

从远处看，"起风了"又是三座半透明的方塔，分别矗立在不同高度的平台上，错落着勾勒出龙游新的天际线。

为了呈现轻盈的体态，方塔采用单柱支撑的钢结构框架，外罩细密的金属延展网，将两岸的景致滤上一层朦胧，在夜间又会如灯笼一般被点亮。

它们就像村口的大树，既是江上船只的航标灯塔，也为岸边休憩的村民提供庇护与阴凉。

方塔下檐翘起的一角，朝着不同的方向，就像被吹起的衣摆，矗立在江岸，捕捉着风的形状。

技术与日常　　　　　　　　　　　　　　　　大都市中的小实践

日 常 基 础 设 施

8 河岸

不同标高的多级平台

范久江 + 胡兴：基础设施与"基础设施感"

嘉宾简介 / 久舍营造工作室创始人、主持建筑师

范：首先我对第一稿方案里的江岸与构筑物正交方向之间的夹角有点好奇。

胡：我们希望这个正交的构筑物，不是跟河岸平行的，而是能"夹"出一个围合的水域，做泳池。这样它和水岸的关系就没有那么"呆"。或者说，我们觉得直接的平行关系反而太粗暴了，想找到一个看似冲突其实和谐的关系。

构筑物本身的平面方案是先设计出来的，只是要选位置、角度和确定跟河岸的具体关系。也没法做精确的辅助线，只大致遵循三个原则：要跟河岸产生围合；延长线对着村口；顺着两个方向的水流。总体上就是想要一种精心营造的轻松感，不知道最终有没有达到这个效果。

日常基础设施

8 河岸

第一稿「码头」方案

技术与日常　　　　　　　　　　　　　　　　大都市中的小实践

半透明的灯塔

范：和村口的关系是为了方便村民使用吗？我观察到在农田的区域有一条不在田埂上的，与构筑物方向重合的直线栈道。这条路径似乎和农业生产有点冲突？现场最终建造时，这一段有实施吗？

胡：这一段在新方案中没有。当时确实没有想农业生产这个线索，可能因为做的是码头，没觉得这两件事上有联系。这个关系更多的是"仪式性"的，而且做法上会很"弱"，但这一段还没有深化好，码头的功能就被取消了。可能是为了让夹角成立，有点用力过猛的动作？是依靠跟村口道路一头一尾正对上，在给夹角以"理由"。

范：除了夹角，还有哪些内容和参照，参与了方向的最终确定？

胡：还有两股河道的中线，及其大概的船行方向，另外，两个"泳池"大小最好差不多。

范：这个线性是有航线图的吗，还是你自己画的？

胡：有航线图。

范：夹角看来很重要。所以是希望新加入的构筑物和"自然"江堤线性构成非正交的"人工与自然"相遇的介入感？

胡：不是"建筑师"式的介入感，而是"基础设施"式的，或是村民自发的。我们在很自然的环境中，看到一个水坝，或是水渠，可能很巨构，但往往并不觉得突兀，那种关系，是我们挺想找到的感觉。

范：什么样的构筑可以称为有基础设施感呢？

胡：我想比如形式源于很纯粹的功能目的，当时看到衢江的航线图，我想到这个平面（唐贝尼托的电气装配行业，何塞·玛利亚·桑切斯·加西亚，Electrical Assembly Industry in Don Benito, José María Sánchez García），它类似在用卡车的转弯半径定院子的大小。

范：有意思，航线有类似的转弯半径要求吗？或者说，船的停靠码头有相应的设计规范吗？

胡： 有的，这个在我们一开始的计划之内，但需要等游船的具体尺寸出来，还要等与水利部门正式的对接，但水利部门介入后的第一个意见就是不可以做码头，更不可以游泳。和之前给出的设计要求完全不一样了。

范： 那回到基础设施的话题，水利部门介入及设计要求改变后，"基础设施式""去建筑师介入感"还是这个设计持续讨论的话题吗？

胡： 目标上肯定还在这么发展，比如铺地的形式，和它怎么一级一级被淹掉的坡面标高设计。事实上，所谓的"基础设施式""去建筑师介入感"，是我想说，在自然景观中做一个东西，不一定非要往"诗情画意"上去发展。

但是要求改变后，显然造成了很大困难：首先，它没有功能了，没法"基础设施"了（我之前专门选码头设计，就是想选一个强功能的题材）；其次，三个塔被要求保留，但压缩到了很小的范围内，它就变得很"艺术装置"，没法"去建筑师介入感"了。

我的初衷是做一个，没啥形式表达，但够大，你不得不看到它的东西。就像班纳姆对洛杉矶高架桥的评价："快速路在洛杉矶的城市形象中占有主导地位，有两个主要原因。首先，它们是如此之大，以至于你不得不看到它们；其次，似乎没有其他的运动方式，你不得不使用它们。"[1]

范： 能看到这个过程的纠结和挣扎。你提到洛杉矶高架桥的视觉效果的"大"和"不得不使用"的必要性，在你的这个项目里似乎都很难对应？即使是第一稿的平面图展现的尺度，由于它的视觉性是被一种与岸边视高接近的观察视角捕捉的，似乎很难"大"得起来。就像农田里的水渠灌溉系统，虽大，但很难把握。

所以"基础设施感"作为这个项目的出发点，我觉得似乎有一些

---

[1] BANHAM R. Los Angeles: The Architecture Of Four Ecologies[M]. New York Harper&Row, 1971.

策略上的错位,不知道你怎么看?或者我们可以发明一个词——"文化旅游基础设施"?

胡: 当时这么决定有这样一个过程:首先码头本身算一种基础设施;然后选点位的当天,我看到一则新闻,有游客在衢江游泳遇难了,当时我就觉得可以把码头和泳池的功能合并,因为我从小就是在东湖里栈桥围合出的泳池中游泳的,而小码头的结构类型,其实也是栈桥。

这些东湖里的栈桥,有很强的"基础设施感",我觉得它们很大,而且很容易被把握。当然,这个策略和整个龙游潋的大规划策略可能是错位的。

范: 这可能涉及对"基础设施感"与"基础设施"的理解。东湖这个(栈桥)我之前的确没有把它同"基础设施感"联系起来,我认同它是一种"非官方娱乐活动的简易搭建",也许和"基础设施"有类似的建造逻辑(经济、实用、不做任何装饰性表达),但在我看来,并不天然具备"基础设施感"。如果说它有"基础设施感",那可能会有点泛化这个词的指代范畴,造成思考层面的精度差异。

这可能是我从你的文章表述中看到的一个值得讨论的话题,即你对基础设施话题的兴趣与项目操作上难以以此为方向去实践操作的纠结感。

胡: 的确,"基础设施感",随口而出,应该如何定义?我觉得很多实践建筑师对基础设施的兴趣,包括基础设施都市主义者,应该说,本质上还是一种美学上的追求,希望学习其与众不同的特征(从形式到理念),让建筑看上去更具有实用性、集体性、技术性……那么,用对"基础设施感"的追求,来描述这种现象,好像是可以的。

建筑师对基础设施的兴趣,大概有两种:①把基础设施当作模仿对象,将基础设施看作一种更加先进的建造,通过学习其与众不同的特征,来扩充建筑学的手段与方法;②把基础设施当作"招安对象",把基础设施看作建筑师新的实践场,将其纳入传统建筑学的实践领域中来,改变这一巨大城市设施缺乏建筑师参与的现状。

范: 你认为自己属于其中哪一种呢?

胡: 在这个项目中,我是第一种。其实第一种是希望把建筑设计得像基础设施(让建筑迈向实用性、集体性、技术性);另一种是希望把基础设施设计得像建筑(让基础设施更加社会化、人性化、柔化)。刘珩老师设计的净水厂算第二种。

范: 我通过和你的讨论,也在帮助自己厘清对于"基础设施"和"基础设施感"概念的认识。我现在觉得,官方和民间都可以建造基础设施。但官方自上而下建造的通常是必要的、巨大的(以提供更广泛的功能覆盖),因而具有"基础设施感"。而民间的基础设施(如果可以说它是基础设施的话),通常是为了支持非必要生活功能,由一群人对公共空间的改造。因其非官方,但对公共空间又有占用,所以具有不确定性,在同样具有基础设施的普惠性同时,更加地具有临时感和简易搭建的特征,也因此更加不那么"基础设施感"。

胡: 那这么说,其实东湖的栈桥泳池是官方的。始建于20世纪30年代,由李四光选址并主持规划,张学良出的钱,是民国时期武汉大学为师生修建的露天游泳池。

范: 这涉及对基础设施概念的讨论,我还是比较坚持它不算是基础设施的看法。所以我说"如果可以说它是基础设施的话"。随口说是可以理解的,但因为它是这个项目讨论的关键词,所以我认为可以更精确地辨析辨析。

在这个项目中,我路过的时候,首先会注意到三个造型明确、动感的灯塔,而非堤岸的台阶和斜坡做法。这也是我读到"基础设施"

日常基础设施

8 河岸

武汉,东湖,凌波门
《游者多未惧》,张小鲨导演作品

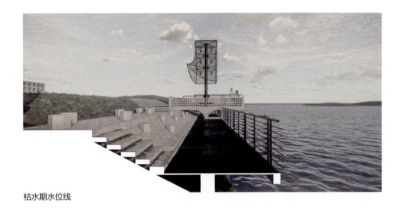

枯水期水位线

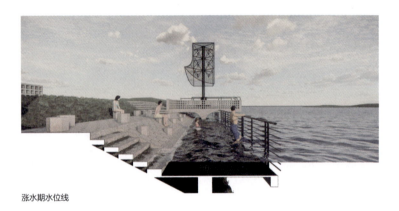

涨水期水位线

这个词后会先和你讨论这个词的原因，这两者之间的反差有点大。

胡： 这算是我的小策略与龙游瀫的大策略错位造成的。龙游瀫要的是旅游、艺术、关注度。不过我觉得事实上，在这么高密度的点位分布中，我无论用任何策略，它都会变得很"行为艺术"。

范： 灯塔是为了码头而设立的，第二轮方案里码头功能不存在了，所以我理解灯塔从基础设施的必要照明设施兼标志物，转变为单纯文旅标志性构筑物了。在这个变化过程里灯塔的设计策略和方向变了，堤岸的设计策略与方法也有相应调整吗？

胡： 两个方案跟堤岸的关系是截然不同的。最大的变化有两个：首先，功能没有了，之前的方案是由很具体、热烈的使用场景驱动的，新方案中我不太确定这个地方会不会有人，所以只能去关注水位、水草、护坡、道路这些自然要素；其次，面积只剩之前的三分之一，之前的方案在我心目中是"大"的，它在有意彰显与堤岸的不一样，要扭出一个角度，但新方案太小了，没有支撑这种"对话"的尺度，所以它在平面、剖面上选择了去完全贴合堤岸。

本项目荣获：
2024 年日本 IDPA 国际先锋设计大奖 - 景观组银奖

技 术 与 日 常　　　　　　　　　　大 都 市 中 的 小 实 践

夜晚的灯塔

水滤青山一重重
皮纸灯笼烟雨朦
云飞龙游醉石上
翘首倩影入画中

　　　——胡乾午

日 常 基 础 设 施

8 河岸

设计师场地踏勘

新媒介
new media

小鸟鸣秋：武汉"吱丘"拉面馆
举目垂屏：重庆"界归"办公室
山间荡漾：长沙"星所"民宿 & 雷山"FA 公社"
石驹过隙：武汉"东通菜园"当代艺术馆

有关新媒介的议题，源于一次激烈的辩论，一位做公众号的前辈说："我发现你们建筑师几乎不懂传播的逻辑。"

"对，我们不懂，因为建筑本身已经不再是传播媒介了。"

"荒谬！比如扎哈的建筑就是最好的媒介！"他反驳得义正词严。

我开始后悔把话讲得太满，下意识地问："您去过现场吗？"

"没有！这恰恰证明了它的传播能量！"

"所以那张照片才是传播媒介。"我一把抓紧了救命的稻草。

"这有什么区别吗？照片拍的还是扎哈呀！"

"这里面的区别是致命的！"我已掩饰不住激动，因为大局已定："这个世界上绝大多数人都没亲眼看过扎哈的房子，但都看过照片。那么问题来了，它有必要真的被盖出来吗？"

我们这一代建筑师"享受"到了全新的传播媒介，一张张建筑的"定妆照"，伴随着知名度与订单，以光速在世界范围内传播。但同时，这些屏幕间流转的虚拟影像对物质实体的冲击，也几乎被视为当下建筑学公认的致命危机，因为它已然触及了仍以实体性建造为核心任务的学科合法性。我们越来越发现，自己的竞争对手，已经不再是其他的建筑，而是在屏幕上被并置在一起的各种推文、动图、短视频。

我真正开始正视这个问题，是读到列夫·马诺维奇在20年前写下的一段文字："我多么希望在1895年、1897年或者至少在1903年曾有人意识到，电影这一新媒体的诞生所具有的重要意义，并为此留下详尽的记录……未来的学者同样会非常疑惑，在数字媒体刚刚诞生的时候，思想家们在哪？"[1]

之所以被这句话触动，是因为它让我意识到，除了去讨论抵抗还是拥抱，更重要的是去理解。比如说小红书，是可以当作一种知识去研究的。

[1] MANOVICH L. The language of new media[M]. Cambridge: The MIT Press, 2002.

9 鸟巢

小鸟鸣秋：武汉"吱丘"拉面馆

设计团队　/　胡兴，刘常明，李哲，严春阳，李红玉，胡康鑫，罗婷锴，尹若冰，彭宏宇，文雄飞
VI 设计单位　/　boombrand 兴之
施工单位　/　大木右上
业主　/　武汉能量无限科技有限公司
项目地址　/　武汉首义广场泛悦汇·KA 街
竣工时间　/　2023 年 3 月
建筑面积　/　160 平方米
摄影　/　赵奕龙

文丘里的"鸭子"

新媒介

鸭子

该店铺在街区转角处的一楼，并租下了对应的二楼立面以做门头。这意味着，占地 160 平方米的店铺，却拥有 215 平方米的立面。

密斯曾说"不是每个建筑都需要被做成教堂"，但当移动互联网时代，一家路边咖啡馆都有机会获得过去大教堂才有的关注度时，它便也有了类似的形式诉求，而其能调动的社会资源却不可能同比例增长。

在这个不等式下，所谓"网红"建筑的挑战，在于如何调用咖啡馆级别的资源去实现一个大教堂级别的效果。

面对如此巨大、带转角的展示面，已经很难用门头或招牌设计的方式去处理，这里需要的是一个有体量的符号。

我们决定直接使用该店面的品牌形象：两只吱丘鸟，和它们的家——鸟巢，去占据整个外立面（原计划为真鸟巢，后因清理不便，便将其中绝大多数封闭了起来）。

这是一种总体性的象征化，就像文丘里当年赞许过的"鸭子"餐厅，而在文丘里心目中，"鸭子"在本质上就与大教堂同构。这是 50 余年前汽车时代的商业建筑之于严肃建筑学的巨大冲击，而在信息时代的当下，它变得愈发猛烈。

鸟巢

置身于繁华的商业街，我们希望能够模糊掉室内外的界限，让店铺空间最大限度地融入公共街道。

而实现这一目标最大的阻碍是立面上的两根柱子，它们非常明确地界定出了店铺的外轮廓。因此，我们通过弧形的倒角，让柱子在形式上放大为两片大托盘,并朝不同方向倾斜,以消解其重量感和功能性。

上百个鸟巢被分为两组,置于托盘之上。在形式上,它们是两项撑满立面的大"华盖",在空间上,它们贯穿室内并延伸至街道,室内外空间在两顶"华盖"之下彼此渗透。

除了一条长近10米的食面台,我们将咖啡区的散座全部推至内外交界处,充分利用鸟巢组成的檐下空间,形成更具开放性与公共性的入口区域。现在,这里已经成为附近居民散步遛狗时最喜爱的休憩场所。

尤其当内外都坐满了人,把它连成一片的时候。里面坐的,是正在吃200块甚至300块钱一碗面的人,面里头有M9的和牛,外面坐的是没有花一分钱消费的人,但他们在这里连成了一片。

本项目荣获:
2023年意大利IIDA国际设计大奖 – 餐饮空间类铜奖
2024年Euroshop Retail Design Award China – 年度优秀提名作品

新 媒 介 9 鸟巢

门店主立面

模糊的室内外界限

新媒介 9 鸟巢

近 10 米长的食面台

张波 + 胡兴：信息时代的"建言建语"

嘉宾简介 / 美国俄克拉何马州立大学终身教授，美国风景园林教育委员会（Council of Educations in Landscape Architecture, CELA）副主席

张： 从效果上看，这个项目有三点很有趣。

第一点是与场所的关系。这个设计看上去很解构，但又没有太多我们熟悉的所谓解构手法，它是用了一种很柔和、很可爱的方式，来对整体的环境做了颠覆性的处理。

第二点是你提到了文丘里的"鸭子"，也就是所谓后现代的内容。后现代进入建筑学后，我们常常说这些具象的东西是大众喜闻乐见的，但它很难去成为一种长久的"建言建语"。我们再去看拉斯维加斯，包括那些"鸭子"式的建筑，实际上是被时代所抛弃了，它们无法像之前那些经典建筑一样得以流传。

而你这个项目有意思的地方在于，对符号性的东西做了一些建筑

式的平衡与综合，无论是巢、鸟，还是它们的关系，都处理得比较建筑学，有效地使用"建言建语"去描述了一个可可爱爱的形象，你并没有反驳"鸭子"，而是很成功地把它吸收到了建筑学的语境中。

第三点就是鸟巢的设计有一些日常生活或者现象学的手法。它们不是一种很稳定的、静态的排布，而是充满了自发的、随机的可能性。

胡：这个项目，其实是我前两年开始的一次重大转变，从效果上来说，就是会去做这种很具象甚至符号化的东西，这是有意识的，因为我在那个时候开始想关注"新媒介"。

您说这个东西很解构，其实当时的一些设计决策还是很在地的：两个盒子朝不同的方向倾斜，是为了面向不同方向的人流，形成两个入口，它还可以形成一圈檐下的空间。此外，为了消除立面上的柱子对空间轮廓的界定，模糊掉室内外的界限，我们把两根柱子放大成片墙，朝不同的方向延伸出去，突破掉这个轮廓。并且我们让片墙发生和两个方盒子同样角度的倾斜，这样在视觉逻辑上，它们之间仿佛有了一个受力关系。但与此同时，我们又做了一个逆向的操作，刻意把两个片墙上的面砖竖直贴，并且没有错缝，来瓦解掉这个受力关系，甚至我们打算在常识上会最受力的地方给挖掉两个洞。所以我觉得整个推敲过程还是挺建筑学的。

当时我们讲完这个方案之后，对面的品牌策划说，请问你们这个设计的设计理念是什么？让我很诧异，难道我刚才半个多小时陈述的不是设计理念吗？对方告诉我说他们的品牌形象是一只知秋鸟，品牌口号是"这一面，慢慢来"，这样设计的理念是："每当秋收报喜，知秋鸟就会叽叽喳喳地为麦子的熟成而哼着小曲，仿佛在说，嘿，这位朋友是时候停下忙碌的脚步享受自然馈赠的美食了……它亲切可人的外表下藏着对烹饪和美食最原始的爱，人小鬼大的它总是有一句超越自身年龄的口头禅'这一面，慢慢来嘛！'。"

我当时虽然很本能地反驳说，咱们建筑学即便要表意，通常也不会表意得这么具象。要放在以前，我肯定会无视这样的意见，但这一次，我事后站在他们的角度认真地思考了一下，因为我觉得他们的思维方式，更符合新媒介的逻辑。

一周之后，我们给出了新的提案："我的设计理念，就是给你的鸟，一个家。"当然，那两个倾斜的盒子没有做出任何改变，只是里面的内容换成了鸟巢。

回忆整个设计过程，我所有的动机，都基于在场的身体体验，而他们的动机，都基于小红书、大众点评的交互界面、传播逻辑。这两条线索的相互纠缠是贯彻始终的。

张： 我的感觉是这种纠缠挺好的。

实际上你拿出文丘里的"鸭子"是想找到设计的"合法性"，这很正常，我们总是想找一个"祖宗"来承认设计的东西是有道理的。

但其实这个项目你不拿出文丘里，也足够说服我。原因就是之前提到的，你还是在具象的内容里面找到了建筑学的关系。那两个倾斜的大盒子，并不是招牌式的，而是有深度的空间，那些鸟的进出，甚至还让它有了功能和使用价值，这些事情可以化解掉"鸭子"的非建筑学性。

我们经常所说的建筑学性，是一个太纯粹的东西，典型如tectonic（建构）这种概念，它是在自己玩砖的砌筑，玩玻璃的连接，这些是和当代的信息不兼容的，尤其是商业信息。而我觉得商业社会是需要一些符号性的，并且是可以和我们所谓的建筑学性相互平衡或者是相互进入的。

胡： 事实上通过屏幕，我们的建筑被体验和评价的方式已经截然不同，

新媒介

9 鸟巢

"吱丘"品牌形象

偶尔会有小鸟的光临

所有的媒介越来越被打通了。

如何设计一个符合当代传播逻辑的房子，业主会慢慢发现，不一定要找建筑师，可能广告公司、平面设计师也能做，甚至会更加符合业主的需求。

张： 我觉得未来肯定是这样的。

以前大家觉得上电视是一件神圣的事情，因为我们没有摄像机、发射工具，也没有编导流程，这些技术是被少数人垄断的。但当这些东西被打通以后，信息交流就极大地加速了。

那换句话说，对于建成环境，传统上可能是按学科划分，什么建筑、景观、室内设计、环艺，还有广告。但从当下传播的角度来说，从传播的末端来说，要的是一个整体性的结果，它可不管你的学科分类。所以如果不打破行业界限，实际上是没有为我们的末端去考虑的。我们的末端是环境的使用者，你是不是建筑学的大师不重要，最后的点赞、转发量更重要。

当然并不是说我们建筑学过去积累的一些趣味失效了，也不见得。只不过若完全地固守一些原教旨主义的信条，就会很难被时代所接受。像安藤忠雄，可能需要的是在一个特别静的、微妙的环境里，去展开一种很低调的美学。到了当代，这些东西仍然有效，但并不是作为唯一的美学需求了，其他的东西也是可以进来的，也是可以相互交流的。

胡： 可能传统建筑学，更多地在做需要去凝视的东西，不太会做转瞬即逝的东西，但是现在的新媒体其实会让我们观察事物的方式越来越转瞬即逝。

当时处理这个内外关系的时候，也遇到了一些冲突。他们坚决反对继续出现红砖，因为它不符合品牌的调性，也不符合大众心目中的"高级感"，而是要将所有的立面，刷成混凝土的样子。其实，我对建造的真实或者材料的真实,并没有那么强的学科包袱。困扰我的在于红砖,作为整个场地的一种背景,它们是你根本不可能躲得开的邻居。比如在一些阳角处,一定会出现,你的假混凝土,和原来假的红砖,在阳角处硬碰,把双方都没有厚度的剖面暴露出来,让所有的人都陷入尴尬。

但他们显然完全不为此困扰,因为在新媒介的逻辑下,氛围,就是可以被凭空创造的,你所在的地方,是会被手机屏幕这个矩形外框给裁剪的。

换句话说,网红经济的在场体验可能远远不如手机上的图像传播,它可能都不需要太多回头客,只要所有的武汉人看到都想来一次,就足够了。甚至我听说有湖南长沙人,就是因为看到这个照片,专门坐火车来一趟。整个逻辑鼓励的是一种很不在地、很架空的文化。

张:我觉得挺有意思,实际上你是想为这根阳角线辩护。你说经由小红书这种媒介的转换,你的这条线就有道理了,在一定程度上是成立的。我还可以给你提供另外一个线索:柯林·罗的"拼贴城市"。当我们说"拼贴"这个词的时候,实际上它是没有任何建构的前提在里面的,拼贴本身就是非建构的。

以前我在国内的想法是觉得城市要统一、要和谐、要有关系。但是我到了美国以后,发现美国到处都乱糟糟的,建筑是干干净净的,但建筑之间的关系都是乱的,看起来也没什么问题。我的思想就发生了一定的转变,好像这种统一性,是我们学科自己给自己设的一个"紧箍咒",相反大众或居民并不在乎这些。

记得原来我们读书的时候,中国还在搞城市的色彩规划,这个就像上街穿衣服一样,有没有必要一模一样,特别是对一般性的建筑来说。

新媒介　　　　　　　　　　　　　　　　　　　9 鸟巢

拼贴的阳角线
↓

前来打卡的网红

胡： 我觉得这可能是个观念问题，就是城市这个东西，它有没有必要当作一个整体来被观看，它是不是像建筑一样，是一个需要具有整体性的艺术品？

现代主义的大师们，当他们开始做现代城市规划的时候，似乎是直接把对建筑的理解放大了一千倍、一万倍。但其实这是一种很古典的认知，比方说一个小镇，它可以作为一个整体去观看的，因为人类的身体和知觉足够把握它，小镇的全貌，比如你有个塔、有座山都能看到。但你说武汉长什么样子？这是无法描述的，城市到了这种规模，就无法作为一个整体去把握了，我们对它的真实的体验就是一些碎片。

张： 现在这个时代其实是一个挺有意思的时代。

一方面，我们说叫"建筑学的垃圾时间"，像我这一辈觉得到国外来学习，没学到啥，远远不像 20 世纪 80 年代那一批留学生，出来感受到的是国内外这种代差的冲击。因为整个现代主义建筑发展是停滞的，从 2000 年到现在，从建筑语言本身来说，并没有什么本质的变化。

而另外一方面，随着信息时代的到来，大众对环境的异质性，对于情感满足的要求更加迫切了，但从某些程度上来说，建筑师并没有满足大众的要求，还是在使用自己的那一套语言。

你这个项目可以直言不讳地说，就是网红吧。网红建筑说白了就是老百姓喜闻乐见，而且它在网络上的展示是多方面、多层次、多角度、多时间，还有多使用者的，是一个经得起反复推敲、反复观看的东西，实际上难度会更高，是更应该被鼓励的。

新媒介　　　　　　　　　　　　　　　　　　9 鸟巢

门头夜间细部

10 屏幕

举目垂屏：重庆"界归"办公室

设计团队 / 胡兴，刘常明，余凯，程仙鹏
建筑技术设计 / 程仙鹏
策划及施工团队 / 孙露，刘余
业主 / 重庆界归文创策划有限公司
项目地址 / 重庆市渝中区枇杷山后街印制一厂
竣工时间 / 2021 年 1 月
建筑面积 / 190 平方米
摄影 / 罗星

坐在阶梯上看向上方屏幕

新媒介

类型

本项目是一处老厂房改造的办公空间，位于20世纪30年代修建的重庆印制一厂。轻工业并没有给房子留下太多的痕迹，就像是一间新建的毛坯房。

室内空间长25米，宽5米，通高6米。这对于一个不足十人的小团队而言并不算小，但作为一个策划公司，有其独特的空间分配方式：除了8个工位和1间领导办公室，其他的空间都是为客户准备的。包括一对一的洽谈、圆桌会议、大屏幕的展示与宣讲空间。在空间类型上，并不像是个办公室，而更贴近于报告厅或是小剧场。

"怎样的宣讲方式才能震撼到客户，就像当年第一次看苹果发布会那样？"业主脱口而出的诉求其实可以用空间的方式回应，它足以转化为一股强烈的设计动机，驱动整个方案的推进。

我们给自己制定了任务书：创造一种新颖的观演行为模式，并将其赋形，除此之外，不再做任何形式上的操作。

流线

首先，空间在进深方向被一分为二，一边设置夹层，一边通高。夹层下方为办公区，而几乎占满整个开间的大台阶让二楼获得了更高的公共性，与通高区域形成一个整体。

大致勾勒出空间划分之后，我们开始在剖面中梳理商务与宣讲的主流线：大台阶是个天然的阶梯教室，让客户"席地而坐"听完宣讲后，继续拾级而上，前往二楼会议室做进一步的磋商。为与13人的会议室相匹配，我们在台阶上设置了4排14个座位（第5排为备用席位）。

幕布

当我们翻开投影仪的说明书，就会发现，为了清晰地辨识色彩与文字，比如一个 150 英寸（3.81 米）的幕布的最佳观看距离不宜超过 5.4 米，而过近的距离又会让观众疲于转动眼睛和脑袋。这意味着它实际关照到的舒适观看区域会非常有限。

直觉在质疑我们：

阶梯教室与垂挂在前的幕布，好像并不是一个般配的空间结构，为了使所有观众获得均衡的观看条件，难道不应该是一块与阶梯坡度平行的幕布吗？

最大的问题可能就是坐姿，观众需要也顺应坡度躺下去。参照一份关于轿车司机座位的人机工程学研究报告，双腿垂直落地的坐姿下，靠背角的舒适范围为 20～30 度。因此，我们在阶梯上布置了内置轴承可调节靠背坡度的坐垫，让观众可获得 30 度后仰的坐姿。

悬挂

当然，我们没有继续按照可量化的视听条件，去理性地求得一个最佳的幕布角度与位置。因为针对容纳区区十几个人的小观演空间，一切煞有介事的计算，都只会是一些微不足道的改良。这种设计策略本身就不够理性。

更加打动我们的，可能是一些质性的原因：对某种时代症候的回应。

正如尼古拉斯·卡尔在普利策奖提名作品《浅薄》中写道："我们正在经历的，在一个隐喻的意义上，是早期文明轨迹的逆转，我们正在从个人知识的耕种者进化为电子数据森林中的狩猎者和采集者。"

就在当下,手中正握着的掌上屏幕,已经彻底重塑了我们认知世界的方式,缩略式的影像、片段化的讯息、实时性的通信,让我们逐渐远离了专注与沉思。

而在这个低头一族的时代,一块巨大的屏幕悬于头顶,也许能片刻地治愈当代人的分神或是颈椎病,重拾古人仰望星空时的沉静,却又充满好奇。

本项目荣获:
2024 年欧洲 BIG SEE 国际设计奖 – 办公空间类金奖

技 术 与 日 常　　　　　　　　　　大 都 市 中 的 小 实 践

阶梯细部

新 媒 介　　　　　　　　　　　　10 屏幕

夹层设置会议室

言语 + 胡兴:班纳姆的泡泡缺个屏幕

嘉宾简介 / 深圳大学建筑与城市规划学院助理教授,中国建筑学会环境行为学术委员会委员,中国城市科学研究会城市转型与创新研究专业委员会委员

言: 这个项目让我对新办公空间类型的问题非常感兴趣,我也知道您以技术物为研究对象,对技术哲学有很多了解。但在介入办公空间的类型学作为一个技术物问题之前,我们先聊聊这个公司的特点。

其实主要的办公空间退缩在楼梯下的角落里,十分刻意地缩小所占据的空间。看起来老板和员工像是独立运营个体和一大堆实习生的关系,且我们看到网上关于项目的介绍,提到了老板希望整个办公空间像一个发布会现场,故而让整个设计的概念更接近于剧场,大部分的室内面积都被用于接见、会议和发布。

首先,可否这样说:老板和员工其实属于一种比较松散的关系?员工需要天天来上班吗?或者说员工的主要工作状态并不是坐班?

这些关系是不是也都体现在这个办公空间的设计中？

胡：需要固定坐班的只有几个人，比如财务、秘书等与主营业务无关的后勤人员，真正的相关技术人员是分布在全国各地的。

您看到的空间关系正如他们的人物关系，这个空间其实本质上属于老板一个人，她是个"超级个体"，独自面对或显现于外界，员工是不被看到的、"匿名的"。所以办公区域被最大限度地隐藏起来，这是业主的要求，她一开始甚至觉得不需要有自己的工位，这里只是她进行商务"表演"的舞台，通过精彩的宣讲、洽谈，拿下客户。那个独立办公室是后期才加的，因为发现有时候需要跟客户有个单独喝茶的空间。

言：这让我想到联合办公的兴起，联合办公中可以没有明确的老板和员工，各种老板和员工可以在不同公司建制内部处于不同的上下级关系。可以说办公是一个合作网络，联合办公可以重构员工与老板的网络，但这是一个内部的网络。

而似乎，这个项目更在意外部的网络，并刻意重构老板和客户的网络？所以，老板的个人经营理念是否比较超前？老板和客户的关系如何？是否不太依靠传统办公模式，和疫情后的线上办公有关吗？是否可能是那种依赖本地办公较少的公司？

胡：项目就是在第一波疫情之后启动的。此前他们的工作模式就比较倾向于通过线上办公去整合全国资源，疫情加速了他们转型的速度。

业主是一个策划公司，主营民宿项目，同时自己拥有民宿和帮别人运营的民宿。他们提供的是从选址、品牌策划、空间设计、施工落地到民宿运营等的全流程服务。按道理来说这个涉及非常多的专业，需要一个很庞大的团队，但事实上他们的正式员工只有几个人。所以说办公室并不是老板个人真正意义上的"办公人际网络"，她的客户和资源分布在全国各地,比如空间设计方面,他们是跟其他几个小事务所(包括我们)合作。

言: 我们知道建筑理论家班纳姆的基础设施城市主义与建筑学概念里,楼梯与坡道是作为地形存在的,提供了一个流动的场域。我注意到你设计的楼梯上座位间隔刚好变成了窗户,为员工办公室提供了采光。这样员工就能在一个储藏间的位置里有采光和通风。整个楼梯像是一个地形,交通空间楼梯下面的员工空间像是地下空间,这使得公司的办公空间特别像承载公司的基础设施,埋在了地形与楼梯的下面。

我们可以看一下1958年Quickborner提出的全景办公模式(Bürolandschaft);美国大家具厂商Herman Miller招募设计师Robert Propst设计了一种全新的开放办公空间。可以看到联合办公空间是和基础设施的小格子、交通空间分开的。主要的空间就是联合办公空间。

但这里似乎除了比例缩小,更多的是把"外部的办公"纳入进来,形成了一种新的办公基础设施空间,外部、抽象、广袤的网络空间变成了它的"联合办公空间"?这不禁会让我感慨,以后会不会没有办公室,而只剩下一个广告位?对于前面提到的班纳姆来说,他的"环境泡泡"里是可以没有建筑的,只剩下了家具。在这个公司的空间设计中,整个空间就是一个"发布会"的屏幕及其幕后人员空间,意在外部资源的引入,整个设计可以作为一个带广告牌的环境泡泡?

胡: 可以这么理解。您之前有个精彩的论断"班纳姆的泡泡缺个屏幕和广告位",或者更简单地说,就是缺个屏幕,因为当代的广告位也是屏幕,它承载着人类99%的信息输入与输出。班纳姆没想象到互联网和智能手机。包括20世纪六七十年代其他激进的城市畅想:Archizoom的"无休止城市(no-stop city)",Superstudio的"超

新媒介　　　　　　　　　　　　　　　　　　　　　　　10 屏幕

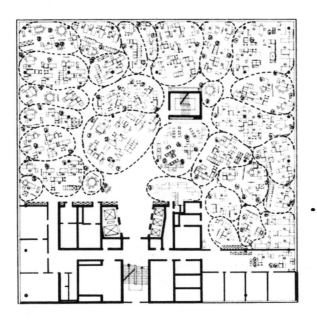

全景办公模式
德国 Quickborner 团队为慕尼黑欧司朗办公室设计的方案

可调节靠背坡度的坐垫,让观众获得 30 度后仰的坐姿

级表面（superficies）"。当年哪怕最聪明的脑袋，也只想到了"环境调控"和"资源供给"方面，没能预计到最先是在"信息交换"上发生了巨大变革。现在回看，这些未来都市模型都需要加上屏幕。

另外，在这个项目的施工期间，武汉疫情管控还没有放开，我是在线上管理现场的。事实上，建筑师也面临着职业转型，建筑可能可以作为一种全球化网络的基础设施，或者说建筑师可以成为全球化时期网络的对接者。

言：如果说公司的基础设施是广告牌屏幕和幕后人员，那么观看座位的椅子则是第一层级的最近距离的"外部"，家具的细节是设定好的，倾斜一定角度，仰视天花板上的屏幕，并打开本该被地面屏幕挡住的视觉通廊，目的是构建"通道"。所以，这个似乎可以挽救颈椎病的姿势确实颇有针对时代症候解读的意味。但我关注到提供这个角度的空间处于屏幕和地形之间，这个倾斜其实是为了"通道"而存在的，人体与家具的本质是让作为通道与坡道的地形能够与躺和靠结合，那么我会觉得其实治疗颈椎病的倾斜角，只是为了让出视线通道而出现的副产品，只是多重功能里的一重。

地形和家具的关系不仅受到基础设施城市主义学者的关注，和主张生态性的环境行为学里面的可供性（affordance）也有关，因为这个多重功能的生态性体现在多尺度、多意义、多样化活动的支持上，甚至是对意想不到的、偶然的互动方式的支持。这里的可供性贴合了人体与家具，是一个室内尺度的东西，但是廊道和地形俯瞰城市的设计效果体现在城市尺度上。屏幕的发布会和办公空间的微缩又体现在一种面向广袤网络空间的无界尺度上。

我们理解家具，比如著名的"法兰克福厨房"，是模块化的，模块是连接人体尺度的一个中介物，设备和家具良好地嵌入了建筑的尺

技术与日常　　　　　　　　　　　　　　大都市中的小实践

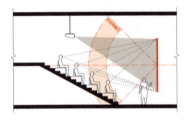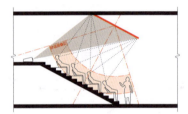

与阶梯坡度平行的幕布

新媒介　　　　　　　　　　　　　　　　　　　　　10 屏幕

剖面图

度里，人则良好地嵌入了家具和建筑的尺度里；德国的全景办公模式及其家具产品，则更趋近于我们建筑学理论经常讨论的一种扁平化的趋势，如日本以石上纯也、妹岛和世等为代表的超级平（superflat）。但超级平的扁平视觉下其实隐藏了很多结构、设备、家具的细节，去支撑扁平极简的视觉效果。随着技术进步，极简的空间中人、家具、设备的尺度是分离的，结合的层面上是美学的、体验的，不再是丝丝入扣的尺度模数，并且家具是家具，设备是设备，建筑是建筑。

但是地形的概念则从可供性上打破了这种分化，在地形上可以躺下，看屏幕的空间同时能开窗，还能成为导流的通道。可否说设备、家具、建筑成了一个集成为一体的基础设施类型，是一种新的应对全球化的新型办公空间？

胡：我一直在尝试从城市的视角来做建筑甚至室内设计，但过去更多的是关注"立面"，所以您对"地形"的讨论让我很受启发，也给我提供了一个未来可以去探索的方向。

如您所说，这个设计中的设备、家具、地形、身体，是高度集成的，它们之间被安排了非常确切的空间关系。因为只有这样我才有机会做造型处理，并且去创造一种新的类型，屏幕优先，或者说以屏幕为核心展开的空间。这也是与业主共同的目标，她脑子里的理想办公室，就是一块巨大的屏幕，只不过我把这块屏幕给建筑化了。现在回想，所有的设计操作都是由屏幕而推动的：为了观看屏幕，首先将上夹层的楼梯放大成了看台，巨大的看台可以像地形一样遮盖住整个办公区域，让办公区域"消失"。所以，虽然确定屏幕的具体位置和形式是设计的最后一步，却也是其他所有设计的开始。

但这可能只是对其他可能性的一种探索，我心目中更能面对全球化的办公空间类型，还是"超级平"，空间无形式、无特征地蔓延，里面的内容是离散的、随机的。只不过这就无法满足我作为设计师的"造型"欲望了。

言： 麻省理工学院斯隆管理学院曾经做过一个研究，认为办公空间的设计增益可以让公司产生更多利润，让员工变得更有创造性。他们将办公空间的迭代史总结为 hive（蜂房）、cell（党建）、den（格子间）、club（俱乐部），分别代表的是基于个人的流程性工作、基于个人的知识性工作、基于团队的流程性工作、基于团队的知识性工作。这让我想起来雅克·塔蒂的电影《玩乐时间》里的场景。但是雅克·塔蒂限于时代，对未来办公空间的批判性仅仅理解到 hive 这一层，同时我也认为斯隆管理学院的断代与分类在后疫情导致的居家办公时代显得有点过时了。在技术物迭代的角度，可能我们有机会创造一种新的办公空间类型学？

胡： 那可能就是班纳姆的泡泡加个屏幕？

随着技术的进化，办公方式的进阶，可能越来越不由空间来推动，也不具体呈现在空间上，这一切会被更高效的技术系统取代，技术系统将塑造新的规则与意义。疫情直接让线上会议软件公司迎来爆发性增长。由技术连接起来的人与空间，可能都不再会有办公、娱乐、游憩之分。当我们日常行为活动的发生，越来越多地由"对空间的进入"变成"与界面/屏幕的沟通"，那"泡泡＋屏幕"，就足以统合并应对我们未来将要面对的方方面面。但可能作为建筑学的物质主义者，我还是不希望一个空间变成一个数据集成的终端。

在这个项目中，大屏幕是一个具象的广告牌，而这整个办公室作为一个作品本身，乃至于建筑师，也是一个广告牌，它们被转化为影像在网络上传播。这些都是业主流量和客户的来源，但它还是具有可被体验的形式感。在业主自己的圈子里，她进场牵头营造上下游产业链相关组织的社群沙龙,我也以设计讲座的形式去演讲过。这种避免成为数据终端的场所感,支撑起了业主的"私域流量"。

言:换言之,我们因为更希望能有希腊剧场那样的场所感,还是倾向于给屏幕加个座位吧?

胡:是的,这些场所精神、设计体验、形式逻辑的内容还是很重要的,因为我们的肉身并没有消融,办公空间是作为身体延伸的技术物,所以这个技术物是可以被体验的空间。作为理论模型,或许可以去丰富班纳姆"泡泡+屏幕"的类型学库。

言:这个类型学库,和外部条件可能会息息相关?这个泡泡的疆域在资本主义批判里向来是一个二元结构的隐喻。在斯劳特戴克的"球体""泡泡"理论中,那个"泡泡"是伦敦世博会的水晶宫建筑,代表的是资本主义的对外征服和殖民,屏幕其实就是透明盒子和里面参展的展品。哈特以全球化为原型的《帝国:全球化的政治秩序》一书和伊斯特林的 *Extrastatecraft:the power of infrastructure space* 一书里,这个球可以扩张到跨国、跨疆域治理层面,全球化变成一个看似没有外部的疆域,"被殖民"这件事被扁平化话语给隐藏起来了。我们都知道后面 Neil Brenner 的 *Implosions/explosions: towards a study of planetary urbanization*,又以内爆形容了这个中心化的资本主义过程。

这里很有意思的是"举目垂屏"项目似乎同时像个地形基础设施、广告牌、大屏幕、望远镜一样,都是外向的内容。但听你的解读才发现,它还是个剧场,这是内向的内容。其意义除了有不放弃数据异化时代的肉身和物质性这一层,它好像把"内-外"的话语结构缩小到了社群和社群外这个概念上,当然有可能社群里的每个节点都是全球化的。

新媒介

10 屏幕

一块巨大的屏幕悬于头顶

215

技术与日常　　　　　　　　　　　　　　大都市中的小实践

11 秋千

山间荡漾：长沙"星所"民宿 & 雷山"FA 公社"

设计团队 / 胡兴，刘常明，李哲，余凯，孟纪宇，巢文琦
项目地址 / 湖南长沙桃花岭，贵州雷山苗寨
竣工时间 / 2023 年 9 月
建筑面积 / 450 平方米

技 术 与 日 常　　　　　　　　　　　　大 都 市 中 的 小 实 践

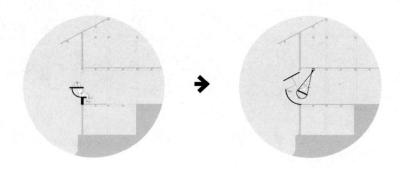

美人靠替换为秋千装置

干阑

在两次以乡建民宿为主题的竞赛中,我们持续发展出了一种"原型"。

改造设计的对象分别是湖南一座依山而建的农村自建房,以及贵州雷山的苗寨村落,它们的形制都是典型的干阑建筑,或者说吊脚楼。

面对这样的题材,我们似乎需要去发扬传统民居的特征,尝试延续一种大都市中已经不复存在的文脉。但当我们具体操作时,又会发现这种文脉和传统,在当代乡村是断断续续、若有似无的。

湖南那个砖混结构的农村自建房,除了空间形制,在材料、构造、色彩方面,并无任何传统的痕迹。而贵州那个看似传统民居的木构建筑,大梁上手书的落成时间是 2002 年,它比我自己正在住的房子还要更加新一些。

乡村

事实上,当下的中国乡村建设,对我们而言一直都是个高难度的题材,尤其面对农耕转旅游业的情况。因为这里的一切线索和要素,都在发生剧烈的变动。

相较而言,我们更习惯于在城市中实践。虽然中国的城市会更加不稳定,更加光怪陆离,但它拥有密度,那种"脸怼脸"的高压状态本身就是一种强关系,对我们来说,这是一种不断变动却又可把握的日常结构。

而在乡村,这里的要素是相对稀疏的、松散的,而这里的人,也就是将要来到这里消费的人,我们很难知道他们会是谁,是何秉性,有何需求。

换言之，面对乡村题材的时候，我们似乎不可能绕得开传统，因为传统就肉眼可见的在那里。但当你试图去抓住它们的时候，它们又是那么的变动不居，没有固定形态。

美人靠

于是我们决定用一种发展的眼光看待内容的日新月异，去活化它，并且重构它。具体而言，就是把这些民居当作一个抽象的空间形式，一个有造型的容器，去思考它们在当代，还可以怎么被继续舒适、欢快、热烈地使用。

当带着新的目标来观察，这两个房子最吸引我们的，是它们的正立面：在空间结构上，对位的就是干阑建筑中的"美人靠"。

这些装饰很华丽的"美人靠"会处于正立面的构图中心。在传统民居中，这个美人靠的位置，配合堂屋前的退堂空间，就是最活跃的区域。比如苗族的男女青年会在这里对歌、刺绣。在我们心目中，它是把非常私密的身体动作暴露出来，作为一种雕塑一般的要素，成为建筑立面的一部分。

毫无疑问，当这里被改造成民宿之后，美人靠上就不会再有对歌和刺绣。那么我们该让游客们在这里干些什么，才能延续这种暴露在外立面上的欢快场景？

秋千

我们的设计是用一个秋千装置来对位替换掉美人靠。因为一方面，它在外形上继承了美人靠的弧线轮廓；另一方面，面对生活方式上即将发生的巨变，它可以以一种当代的逻辑，延续这里活跃的使用场景。

新媒介　　　　　　　　　　　　　　　　　　　11 秋千

  这些秋千装置一字排开，它们就跟过去的退堂＋美人靠一样，将是民宿的公共社交区域。

  面对同样的风景，就和美人靠一样，秋千也包含了身体和行为，空间和形式，统统的这一切，又会变成非常适合在当代被传播的影像。

  它聚齐了去重构一种当代日常空间的所有要素。通过这个原型，我们希望能够让湖南与贵州的乡村荡漾起来。

本项目荣获：
第八届中国设计星（2022—2023）全国季军
2021 年第三届 FA 青年建筑师奖 – 7 强

技术与日常　　　　　　　　　　　　　大都市中的小实践

秋千装置

新媒介　　　　　　　　　　　　　　　　　　　　11 秋千

建筑立面

何靓 + 胡兴：让这个乡村荡漾起来

嘉宾简介 / JUMGO 浆果创意创始人、主持设计师，2019 年中国设计星全国冠军

何：我印象最深刻的是，你把当代乡村这个事情讲得比较透彻。

事实上，很多建筑师、业主，乃至地方政府，在某些层面上常常会把"乡村建设"和"乡村旅游"这两个名词混为一谈。

城市人为什么会选择逃离城市，去到乡村？我认为第一个原因是想拥抱大自然，需要呼吸更新鲜的空气，感受更自然的环境；第二个原因就是希望有一些在地的民俗、民风方面的体验。

当然现在也有很多民宿品牌，他们做的又是另外一种，把所谓的城市精致生活方式，直接复制到乡村这样一个场地上。也就是说，可能它的外环境有非常在地的表达，但是里面的内容又是非常当代的，这是比较商业化的做法，它非常容易被大众所认知和接受。

胡："乡村建设"和"乡村旅游"，确实是需要加以区分的不同概念，而我们更多面对的事实上是"乡村旅游"的题材。

这也是为什么我说在乡村做项目找不到发力点，因为我们通常希望能够把自己新的设计，编织进原有的脉络和线索当中，这是你展开正确设计的理由和推动力。

但如果它是一个纯粹的乡村旅游设计，这些线索是会被统统斩断的，使用的人、日常场景、生活方式，建筑的工艺做法、材料、施工的工人，都是全新的。

而你还不得不去谈"在地性"，但你知道原来那个"地"已经不复存在了，乡村变成了一个个"博物馆"，供城里的人去"猎奇"。

何：你最后给出的设计我还是比较认可的，这个发力的点非常精准，提供了一个记忆点 —— 秋千，它可能就占你整个空间里面非常小的一个点。

我尤其喜欢你最后那句话：让这个乡村荡漾起来。这个是一种情绪价值，具体来说，它是一种积极向上的，但又能够让人产生松弛感的场景体验，从中还能体会到一些童趣。

其他的空间，比如客房、公共区域，可能还是符合当代人的尺度、需求、功能、舒适度等，甚至包括你的内容、餐食、音乐，都是都市的。但我觉得在用户体验这个层面上来说，这些是没毛病的。

胡：两次竞赛的题材都一样，面临的问题也很典型：你的使用者其实是个抽象的人群，你都不知道是谁，做设计的时候就会觉得是在"空对空"。

我们的方案其实在讨巧，抖了个机灵，或者说彼此幽默了一下。因为我们不知道能怎么办，所以选择了很轻、很小的介入方式。虽然不知道什么是对的，但我们知道很多东西做了就是错的。

何：其实这是一个方法的问题，我们平时做设计也一样，我不知道这个方向是不是一定对，但我知道什么方向一定是错的，因为设计没有标准答案。

我们给付钱的业主提供服务，但同时，真正的使用人群又是给业主付钱的用户。这种三角关系怎么去衔接，其实需要站在一个更有前瞻性的维度去思考。

我认可这个设计还有其他很多原因，比如真的要去投资这个项目，或者说要算账的话，它其实很容易被量化出来。

一个民宿可能一两百平方米，里面有一个让你荡漾起来的秋千，它的坪效肯定是很高的。因为它其实并不占用太多的空间和尺度，成本又是可控的，所以站在一个投资回报的角度，这个设计也是很讨巧的。

再往大的讲，这是一种文化自信。比赛时你举了一个例子，那个苗族女孩，她是很漂亮的一个当代人的形象，但她穿了一件当地的民族服饰，一点也不违和，她那张照片也是通过当代的东西拍出来的，通过科技手段去把它记录下来，形成一个变革的瞬间。

这个设计中展现出的这些观察和思考，我觉得尺度拿捏得很好。

胡：从商业的角度衡量其实是我一个很大的弱项，很多设计师会有很强的策划能力，你们可以对商业空间提供全案服务。但我完全不懂做生意，所以我做项目很少从商业的角度出发。

我更在乎能不能创造新的空间类型，因为我觉得这会是一种学科上的贡献。但有同行跟我说，对于商业建筑师而言，不会去轻易改变大家熟悉的空间类型，这样很不负责任，因为你的业主很可能会赔钱。

何：我们本质上还是做服务的，花业主的钱来实现自己的一种学术表达，从一个职业设计师的角度来说，当然是不负责任的。但其实我想

新 媒 介

11 秋千

参赛现场

227

说，我是喜欢你的研究性和类型突破的。

这跟你大学老师的背景有关，如果说你天天跟学生在谈生意的话，也不会是什么好老师，你需要在学科的领域之内，给到学生一种正向的引导，带着研究性的思维去切入实际工作和实践项目当中。

胡： 作为一种服务业，其实除了服务直接的业主，这种服务也可以是跨越时空的。就是你创造出的建筑类型本身，会成为一种知识，咱们设计学科之所以是个学科，是因为它有一个共享的知识库，是可以被言说和传承的。

何： 比如说你做了一个项目，有很多的尝试和研究，最后落地效果也还不错，但是最后业主在经营上，不管是出于市场原因，还是自己运营的原因，最后没有坚持下去，比如改了业态，二次改造得面目全非，甚至是直接关门停业，你会怎么看待这个问题？

因为我是比较看重的，我们做的有些项目，可能经营了两三年甚至更长的时间，我们会持续地去关注它的状态，比如说每天的营收、成本、损耗，还有我们使用的材质、工艺的时效性。

胡： 别说停业拆掉的，建筑史上很多经典，是压根就没有被盖出来的纸上建筑，但它们作为一种类型，成了建筑学知识的重要组成部分。

工艺上的问题我会吸取教训，策略上的问题我不太关注。因为我觉得一个商业项目的生死，影响因素太多，而设计能做的事情其实很少，设计师应该接受自己的有限。

就像现代主义最初的那帮大师，他们心里想的都是用建筑去解放人类、去革命，但事实证明，当他们好好做房子时，都熠熠生辉，一旦想解放人类了，就"害"了人类，设计真正能解决的事情很少。

有个问题我一直想问您，其实比赛时评委们也说过，这个设计会显得比室内设计师的成果粗糙一些。

新媒介　　　　　　　　　　　　　　　　　　　11 秋千

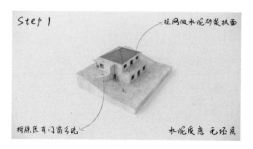

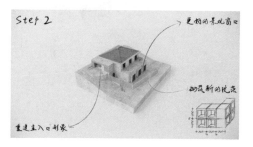

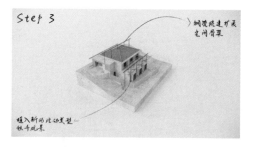

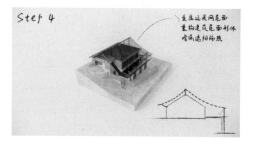

方案推演步骤

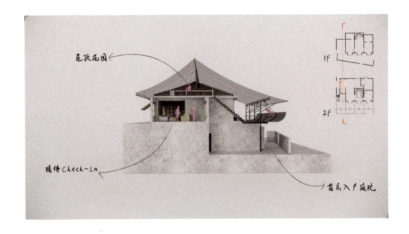

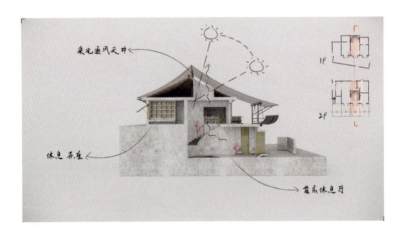

剖面图

一方面这是个人的设计观念，我老觉得太复杂的细节，会模糊掉主题。但另一方面，当我需要去做的时候，我其实不太知道该如何做出您那种细节。因为建筑学的细部，往往是关涉构造或建筑性能的，比如它是对承重，或是一个断桥处理的表达。

何： 你刚刚用的词是"细节"，其实我觉得用另外一个词会诠释得更完整一些——细腻。细节它是一个可以物理量化的东西，就像建筑和室内讨论的单位不在一个数量级上，比如丢根缝，室内关注的是 2 毫米的问题，建筑可能就是 10 厘米。

我们的项目类型，都是需要让人长时间体验的空间，所以关注点可能跟建筑师不太一样。不管是对面料的研究，还是对质地的搭配，其实都是发自对于场景体验的需求，我们会在用户的角度去思考，到底它应该用布料还是皮料？用什么样的皮？它在空间里面呈现出什么样的反射率？在灯光或者说日照下会有何区别？这些都是我们会去长期研究的问题。

胡： 我能感受到这个区别，比如您之前描述摩纳哥的古城时，80% 的用词都是在描述每个界面的材料和质感。但如果是我，一定是在描述古城的布局，行进中空间的开合、尺度的变化过程，我甚至都不会记得那个墙是什么材料的。

何： 就是触觉不一样，这个很正常，我觉得它没有对错。我们在市场上能看到很多建筑师也开始做室内设计，其实我个人更喜欢建筑师的作品，我觉得他们在空间张力上、包容性上做得更好。但建筑师做的室内设计，比如一个酒吧，常常在质感和具体使用上有硬伤。

胡： 您区分了细节和细腻，我明白您想说那是一个氛围和质感的问题。当然，室内设计师在这方面更有优势，但我想问的其实就是细节，或者说细部。

每次看您的项目，我老在想这些细部是如何获得的？一根拉杆、一颗螺丝，都有巧思，图纸是怎么表达的？找谁制作加工的？完全由设计师控制，还是与厂商合作？又如何控制成本？因为这些东西在建筑设计院，通常就是标注一下"详厂商二次设计"。

何：并不是因为我能够比建筑师想得更细，而是我自己在某些美学语言上有一些坚持和想法，会在空间里面多体现一些这样小的"情绪"。

比如你刚刚说的一些结构的拉接，或者一些咬合关系，还包括产品，其实大部分的项目都是我们自己在设计家具和灯具。

但它们不是可以被商品化的产品，而是作为附属品，依托于我每个具体的项目，符合那个品牌的DNA。这样一个细部只能放在这个空间里面，才成立，放在其他地方，就不成立。因为我构建的底层逻辑就不是以一个单品来做研发，而是去协调和参与整个场景的氛围营造。

乡村的记忆，
如翩翩飞舞的蝴蝶，
扰动，只有风知道。

新人的潮水涌向新生活，
惦记，是离开后的回眸，
茅屋的介壳留在山脚，
鸟鸣山幽，
只有风知道。

小鸟离不开家，
她用另一个视角，
看旋转的世界，
光影蜷成三叠纪，
底色印在窗棂，
刻成大自然劳作的木雕，
相守，只有风知道。

窗外，山悦君来君不知，
伴君暮暮与朝朝，
观远山，上高楼，
山水，即人文的符号。

动人的民谣，
带着质朴的心跳，
用糍粑的智慧，
粘住乡村的月亮，
让旅者走过斑斓的世界，
再回故地歇脚。

远行的泥土带着蘖变的花粉，
在隔断的院里，
济济一堂，
成了乡愁的味道，
什么时候写的诗，
留在庭院里，
只有风知道。

来一杯浓烈的烧酒，
不辜负童心农趣，
在怀旧的卡通画里，
凝固记忆的指针。

思念的旋律在空中萦绕，
山色葱茏，楠竹凌霄，
问多情的小龙虾，
何以安生，
萧瑟中野蛮生长，
小畦里不屈不挠。

山之屋周围，
贴出浪漫主义的风景，
远眺白色的梦幻长廊，
纯情冲动下，
撒播信仰的种子，
什么时候开花结果，
只有风知道。

——胡乾午

新媒介 11 秋千

1：50 模型

233

12 厂房

技术与日常　　　　大都市中的小实践

石驹过隙：武汉"东通菜园"当代艺术馆

设计团队 ／ 胡兴，刘常明，李哲，严春阳，罗婷错，谭文骏，曾琪，黄垚，唐子骥，张喆
深化设计 ／ 武汉市东通装饰设计工程有限公司
深化设计团队 ／ 胡雪煜，池强
灯光设计 ／ 武汉镁池林文化创意有限公司
灯光设计团队 ／ 林煜轩，陈晨
激光设计 ／ 武汉云晔科技有限公司
激光设计团队 ／ 刘必成，张敏，刘方
施工方 ／ 武汉铤峻设计营建有限公司
施工团队 ／ 刘东，黄建建，张永忠
策划及出品 ／ 上海啪咕啪咕艺术服务有限公司
业主 ／ 东通菜园
项目地址 ／ 武汉市"汉阳造"文化创意产业园 17 号厂房
面积 ／ 700 平方米
竣工时间 ／ 2024 年 9 月
摄影 ／ 赵奕龙

技术与日常　　　　　　　　　　　　　　　　大都市中的小实践

汉阳造历史布局

新媒介

12 厂房

汉阳造

项目的所在地,为清末张之洞创办的汉阳兵工厂原址,现"汉阳造"文化创意产业园 17 号厂房。

翻看历史地图,可以发现它一直处在兵工厂范围的西南角:1899 年(光绪二十五年),依托两江交汇的南岸嘴,西兵工厂、东铁厂的格局初见端倪;1930—1939 年,兵工厂的规模逐渐扩大,来自大冶的铁矿、萍乡的煤矿,经长江从南岸嘴各码头上岸,由铁路穿过兵工厂,再一路向西;1949 年,渡江战役前,南岸的兵工厂被拆除一空;1951 年起,鹦鹉磁带厂依托原址的西南角始建,并逐步填满整个南岸嘴西侧;2012 年起,工厂全部搬离,残存的厂房被陆续出租,另作它用。

17 号厂房之前承担的业务是婚纱摄影,整个建筑里外都被刷得洁白。我们通过不断地拆除、冲洗、打磨、填补……一点点地将其还原成最初的样貌:红砖墙体 + 木屋架。在此基础上,开始植入新的功能。

夹缝

历经园区多轮的修修补补,17 号厂房所处的位置已经变得非常闭塞,被陆续加建的厂房、宿舍楼、仓库紧紧包围。唯一的出入口只剩下朝西的山墙,躲在两栋房子的夹缝与茂密的树丛后。

为了从邻居们的挤压中突围,我们把针对正立面及其前场的设计操作控制在中轴线上的一个极小的区域内,在躲开邻居干扰的同时,也将效果尽可能地推向极致:门洞是一条 600 毫米宽的缝,从上到下贯穿立面,再转折为一条 600 毫米宽的路径,贯穿前场,画出一条一人宽、20 米长的线。这意味着,所有的访客,必须排好先后,依次登上步道,在杂乱的周遭环境中,带着些许仪式感与敬畏心,鱼贯而入。

原立面上就有的扶壁柱,在新门洞的两侧对称而立,也是 600 毫米宽,我们在柱脚各放置了一个板凳,像卫兵一样,拱卫着长长的中轴线。

马头

虽然建筑的外立面收缩得只剩下一条缝,但建筑里的内容——当代艺术,仍以一种冲突的方式,从夹缝中喷涌而出。

伸到外面来的,是我们从众多馆藏中挑选的一尊马头雕塑,由红砖与水泥铸造而成。它在质地上与建筑融为一体,在形式上又让抽象的前场空间变得具体、生动。马头立于一根 L 形大梁之首,大梁悬挑出立面 3 米,以门过梁为支点,被纯钢板打造的"重量级"前台从另一端拉住。

马头与 L 形大梁作为建筑立面上的视觉焦点,悬在 3.3 米的高度,一个在感官上似乎触手可及的高度,调整了整个前场空间的高宽比与注意力。

展架

作为一个当代艺术空间,其藏品在类型与尺寸上都是千奇百怪的:上墙的画与照片、上桌的工艺品;放在地上的雕塑、挂在天上的装置;还有需要屏幕才能呈现的影像……而且业主的藏品数量远远超出该空间的承载极限,所以需要周期性轮展,几乎不会有固定展品。

因此,除了悬在前院里的"马头",我们无法为任何一件艺术品量身定制"展位",这里需要的是一套可适应各种变化的"展架系

新 媒 介　　　　　　　　　　　　　　　　　　　12 厂房

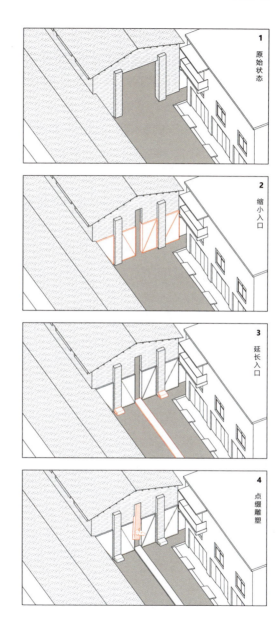

1 原始状态
2 缩小入口
3 延长入口
4 点缀雕塑

立面及前场设计

技 术 与 日 常　　　　　　　　　　　　　大 都 市 中 的 小 实 践

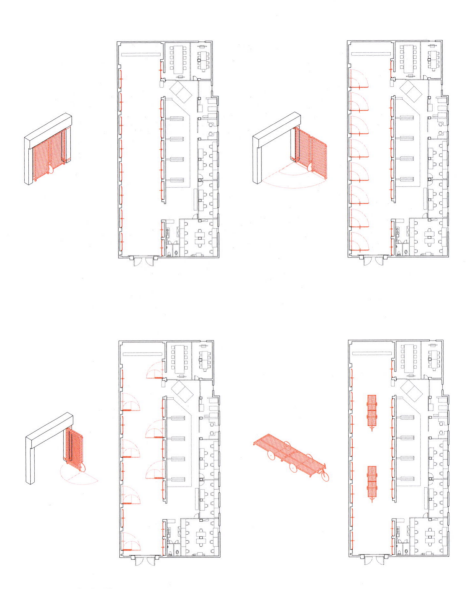

可变化的展架系统

新 媒 介

12 厂房

室内灯光渲染出多样的氛围

技术与日常　　　　　　　　　　　　　　　　大都市中的小实践

恢复的行车

统"。根据厂房的柱间距及展品尺寸，我们确立了1450毫米×2650毫米的基本模数，两个一组形成一个"展架单元"。它们可以附在墙面上，也可以90度开启成隔间，或对折缩短长度，还能组装成可移动的展台与长桌，来应对不断变化的展陈主题和需求。

行车

厂房有两套相互独立的结构体系，这是很多工业建筑都会有的典型空间语言：一套是建筑的，支撑屋顶的砖柱；一套是工业生产的，支撑行车轨道的牛腿柱。然而，厂房数度易主，整个行车系统已不见踪迹，牛腿柱也年久失修、残破不堪。我们在每根牛腿柱上增加了抱箍以加固结构，并以此为核心恢复了整个工业生产体系：抱箍一方面用来连接展架的转轴，一方面也用来支撑起新的行车轨道。

装上电机后，闪着灯的行车在厂房内前后开动，起到划分展区的作用。更加重要的是，作为一个工业遗产改造项目，我们希望在保存其物质空间环境的同时，还能使其依稀按着当年的工业生产逻辑运转起来。

历史和砖墙　　　　　　黑暗的剪影中
垒成斑驳的梦想　　　　疑惑　沧桑
透过汉阳造的枪筒　　　塞满熊黑的行囊
映出南岸嘴的绮丽风光　希冀沿着踽踽前行的足迹
鹦鹉赋的哨鸣　　　　　一叭走向未来
在白云中回响　　　　　一趴留给过往
又渐渐远去
意念的红斑马
越过雾霭里的绿洲
昂首向着朝阳　　　　　　　——胡乾午

600毫米"缝隙"外景

新媒介　　　　　　　　　　　　　　　　　　　　　　　　　　　12 厂房

600 毫米"缝隙"内景

245

郝少波 + 胡兴：历史遗存中的时代精神

嘉宾简介　/　华中科技大学建筑与城市规划学院副教授，中国建筑学会民居建筑专业委员会委员，湖北省风景园林学会专家委员会专家

郝： 这个项目具有很鲜明的你的印记。总的来说，你的细节越来越好，很多都远远超出我的想象，但整体性好像弱一些，换句话说，对于这个项目里里外外的处理，没有看出来你有一个什么样的指导思想或是整体性的思路。

胡： 这应该是我近几年最"克制"的一个设计。通常我都会谋求一个有冲突性的策略和形式，去颠覆原有的空间格局，但这次处理的是一个工业遗存，无论是从商业运营上，还是在学科价值上，保持它原本的样子对这个项目来说更加重要。所以我们的确没有做什么整体、宏观上的大动作，基本上是在一边复原一边做些顺势而为的设计。唯一的冲突点就是入口处的大出挑设计，但也只是一个很局部的操作。

郝：这事实上是一个非常"迷你"的厂房，而且它的工业感不算强。尤其是正立面，除了两个扶壁柱，其他部分不太像厂房。厂房通常都是"硬山顶"，但它是"悬山顶"，而且檐口很厚重。当时为何没有考虑做一个很深的"博风板"给挡一挡？

胡：我确实希望有一个更纯粹、更几何一点的正立面。一开始曾设想过往外包一层新的立面，把凸出的屋檐和扶壁柱统统包起来，还设想过用耐候钢板做一个很薄的新檐口，把老檐口给挡起来。

但都是些性价比不高的，或者说效率很低的策略，始终没想到一个能四两拨千斤的解决办法。在这种情况下，就没敢乱弄，觉得保持原状总比做"错"了好。

郝：不仅仅是这个厂房本身，还需要考虑一下它的外部空间，或者一个整体氛围的打造。虽然这些可能不是你的任务范畴，甚至你都没有权力去做，但作为一个完整的作品来说，肯定是需要通盘考虑的，现在看来你对外部环境的应对方式是比较被动的。

胡：它的外部环境是乱糟糟的，其实我们大多数项目都面临这种情况，杂乱且拥挤。所以慢慢的，我们已经形成了一些稳定的处理方式和价值观：不设置清晰的空间边界，使之能充分地容纳变化，接受跟各种邻居的共处，而不是谋求改变邻居。

事实上你也无法改变它们，它们自己也不是稳定的，一直在更迭，所以这种动态关系的和谐，无法靠规章制度或是统一设计来实现，只能依赖每个具体个体间的互相磨合。

郝：你恢复了行车，这是一个很好的细节，甚至它还能在房子里跑。但它和你其他改造策略的关联是什么？

胡：原计划是做两个行车，下方挂金属帘，起到一个灵活划分展区的作用。

业主本身是做装置艺术的，正在设计一系列能跟着行车动起来的装置。甚至在筹备一些行为艺术，比如在重要活动上将自己作为主角给挂上去。

郝： 这个行车目前的起重吨位是多少？它还可以移动，两侧的老结构是否还能支撑得起这样的动作？

胡： 6吨左右。我们为恢复这个行车，做了整套的结构加固方案。新的行车轨道是架在新建钢制牛腿上的。

但最终结果不是按照我们的设计初衷来做的，您应该能发现每个牛腿下都用钢管做了支撑，因为还没有装行车前，厂房的原柱子表面就因新增加的重量发生了开裂。最好的办法是给原来的结构满打抱箍，但工期和造价都不允许。当时不得不在牛腿下加柱子，我们还挺痛苦的，觉得损害了这样一个典型的工业语言，但落成后其实它并不明显，掩藏在复杂的展架构件中了。

也是那个柱子裂开了我们才发现，它不是混凝土的，其实是砖砌的，抹了一道灰。

郝： 这些牛腿柱肯定不是混凝土的，在那个物资极端缺乏的年代，需要用砖混的方式来实现，为了增强它的强度与稳定性，比例就会很奇怪，这么小的房子里弄这么粗的柱子。

在这样一个汉阳钢铁厂，甚至更早了说，汉阳兵工厂的位置上，打造的新空间，需不需要跟历史背景发生一些联系？

胡： 业主租下这个空间，也是奔着"汉阳造"的历史故事去的，但我们给他一翻资料，他就感觉非常扫兴，这里只是1949年后在"汉阳造"原址上建造的新工厂。而且所有的工业生产历史已经找不到任何具体的物质线索了，硬要做一些联系的话，可能也只能做一些象征性的东西，但我们和业主都不太喜欢象征性。

新媒介　　　　　　　　　　　　　　　　　　　　　　　12 厂房

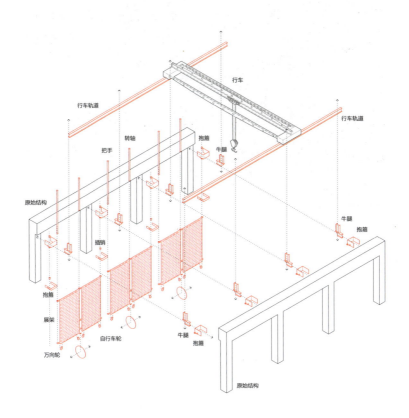

结构加固方案

249

技术与日常　　　　　　　　　　　　　　　　大都市中的小实践

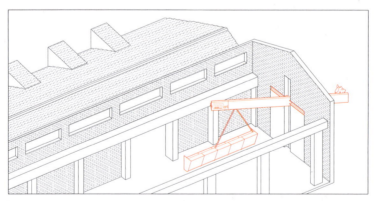

马头与 L 形大梁

郝： 不一定是你说的那种象征性，比如它的木屋架是具有很鲜明的历史背景特征的。事实上，那时的设计师对钢结构是非常羡慕的，巴不得所有的柱子和屋架都用钢，但没有这个条件。好不容易轧的钢赶快给造枪炮了，到1949年之后就是赶快拉走搞建设了。

胡： 一个钢铁厂自己却用不起钢的时代。

郝： 这就是那个时代催生出的低技派的建造方式。我曾修缮过一个"文化大革命"时期的老礼堂，更加地精算，是木结构加钢筋拉结的。相当于在一榀小小的屋架上，细致地区分了受拉和受压杆件，充满巧思。上面的椽子全是乱七八糟的，由各种木头板子拼凑的，像乞丐的衣服，但也自成逻辑。

那相较而言，你现在的改造很轻松，钢结构一下拉完，但逻辑上似乎也没有了之前的信息了。在当时那样一个条件下，汉阳钢铁厂对武汉市甚至是国家的建设是有非常大的贡献的。我们是不是可以考虑从这样一种历史信息中间去发掘一点有价值的东西呢？

胡： 这样的屋架我也见过不少，非常喜欢，但更多是在审美层面上的，确实没有这样去思考过它。

事实上，历史背景、时代精神，不见得是那些抽象的叙事，也是可以具体显现在这些物质性的建造与材料之中的。

新 媒 介

12 厂房

展架细部

跋

汪原：建筑师的知识状况

相较于本书前文的讨论，我比较关心建筑师的知识状况，所以议题不会就具体项目去展开。由于胡兴和我的知识结构类似，关注的问题也趋同，彼此太过熟悉，所以尝试引入 ChatGPT 这样一个全新的媒介，看是否能产生一些搅动。我会特别期待这种操作，甚至将其视作理论生产的新范式，当然也可能会让人很失望。

" ChatGPT：基于对胡兴作品集的阅读，我认为，理论和设计行为之间的关系，在胡兴的实践中体现为一种较为复杂的张力。胡兴深受理论影响，但理论和设计往往并非直接指导与被指导的关系。理论的思考，更多的是从概念到概念，而建筑师是需要经验积累的，设计行为更像是一种黑箱操作。当然设计做完以后，我们可以按步骤去解读建筑师的设计，但在设计过程中，建筑师很难完全基于理性逻辑去操作，而常常是出于一些直觉上的判断。

这让我疑问，胡兴是否能够在理论学习和设计实践之间找到一个更加直接和系统的连接点，还是他更倾向于将理论作为一种启发，而非具体的操作指南？
"

胡兴的设计往往带有一些社会批判性，尤其是在面对日常生活和非正规空间时，但他并没有将理论作为直接的操作模板。理论学习和设计行为之间的关系，在他身上可能表现为一种"共生与批判性的对话"。

比如在很多项目中，胡兴显然关注的是"非正规空间"的社会和文化内涵，而不是单纯从功能或形式入手。但在具体设计中，他依然通过材料选择、空间改造等"经验化"手段解决问题。某种程度上，他是将设计行为作为对理论的一种"现场测试"。理论通常在概念层面提出普遍性的视角，而设计则必须应对具体的物质条件、社会限制与用户需求。这种测试既可能验证理论的价值，也可能暴露理论的局限性。

"
ChatGPT：胡兴的设计是否能够在'置身'资本逻辑和'反思'资本逻辑之间保持平衡？他是否能够在设计中避免对资本逻辑的妥协，而实现更深刻的社会批判？

其作品常以'日常生活'为设计出发点，但在很多商业项目中，这种对日常性的描绘是否最终服务于消费主义逻辑？例如，'网红经济'在赋予边角空间新价值的同时，也可能加剧空间商品化。设计是否需要更明确地界定，如何在为资本需求服务和关注公共性的日常生活之间取得平衡？

> 这让我疑问，胡兴在设计中保持批判性反思的空间，是否足够强大，是否能够对资本逻辑产生实际的挑战？

胡兴的那些小尺度的设计实践，当然缺乏强有力的系统性批判，尤其是在面对资本逻辑对空间生产的全面渗透时。

但首先，反思的前提是实践的切身性，胡兴清楚地认识到自己作为建筑师在社会空间生产链条中的角色。建筑师无法真正脱离生产链条而进行有效的反思，理论上的"抽离"批判虽有价值，但没有实际参与的反思容易流于空谈。他通过设计实践介入资本逻辑中，但同时在项目的叙事层面注入批判性的思考。这种"双重角色"使得他的反思具备现实意义，而不仅是理论上的道德优越感。

另外值得注意的是，胡兴的许多设计实践是城市空间的"边缘地带"或"非正规空间"，这些小尺度介入为他提供了批判资本逻辑的切入点。小尺度设计能在不直接挑战宏观权力结构的情况下，为被忽视的群体提供空间支持，也允许更灵活的设计语言。小尺度设计可能看似微不足道，但它为批判性反思提供了试验场。在一定程度上，也展现了在资本逻辑内外同时运作的可能性。

> ChatGPT：胡兴的理论关注非常前沿，这些理论本质上试图挑战传统的空间认知方式。然而，他的设计媒介显得较为'传统'甚至'滞后'，不像很多青年设计师，已经开始去使用最新的技术工具（如参数化设计或人工智能辅助工具）工作了。

胡兴实际上是一个矛盾体，产生了一种所谓的知识上的错位。这让我对胡兴的媒介选择产生了疑问。这种错位是否会限制他在复杂形式探索上的潜力,尤其在面对当代技术带来的新挑战时?如果他使用更先进的技术工具,是否会使他的设计语言产生质的变化?"

胡兴的选择一定是有意识的,也许他会觉得传统工具可以让设计过程更具控制性和推敲性,这种方式与他的理论思维模式产生了某种共鸣。

这也表明,他更重视设计过程中的思想表达。在某种程度上,这是一种对抗过度数字化工具可能带来的抽象化倾向的方式。换句话说,这种媒介选择可能帮助他保持设计中的"人性尺度",避免被技术的复杂性削弱设计的直觉性。这种矛盾实际上成了他的创作动力,促使他在"滞后"的媒介中找到独特的表达方式,并保持与社会、场地的联系。当然,这种依赖也可能限制了他探索更具突破性的设计模式。

目前看来,在胡兴的设计和理论实践中,错位本身似乎已经成为其身份的重要部分:既接受当代理论的影响,又坚持传统建筑师的媒介和方法,这意味着他以一种批判性的态度使用设计媒介,将理论与实践、复杂性与简单性、当代性与传统性编织在一起。这种错位或许可以视为一种有意为之的"策略性延迟",让他在快速变化的建筑领域中找到自己的节奏和话语空间。

"ChatGPT:胡兴的作品展示了他对材料的尊重,尤其在功能性和社会性方面。但他似乎很少对一种材料,实际上就是对于物,试图去赋予其另外一种用法,或者有意识地错用。

因为这两者是完全不一样的,背后隐含着建筑师对一个物的材料性的关注和兴趣,以及有没有施以有意识的操作。这让我产生疑问:他是否过于依赖材料的传统功能,而忽视了其他可能性?"

胡兴对材料的态度首先体现为一种务实性。他倾向于选择易得、低成本的现成材料，用直接的方式进行建构，表现出一种"如其所是"的态度。但在形式和功能之外，对材料作为"物"的存在意义可能关注较少。也就是说，他倾向于将物（材料）视为社会过程的表达工具，而非一种自足的存在。这种态度可能体现了他对列斐伏尔"社会空间生产"理论的内化：材料和物在他眼中首先是社会活动和文化记忆的"再生产"工具。

但同时，他的设计往往将材料"工具化"为符号，更多关注其文化和社会象征，材料本身的质感、时间性或其对人的触觉和感官体验的作用似乎被弱化了。物作为一种"在场"的存在（如海德格尔所言的"器具存在"）的意义并未得到充分挖掘。不知道下一阶段，胡兴是否愿意进一步拓展这一维度的思考？这种探索不仅是技术层面的突破，更是对材料意义的再定义和再创造。这种转向又是否能与他理论视野中的"日常性"保持一致？

华中科技大学建筑与城市规划学院教授、博导
《新建筑》杂志社副主编
2024 年 11 月 29 日

致谢设计团队

胡 兴

刘常明

李 哲

严春阳

罗婷锴

唐子骥

余 凯

寇宗捷

肖 磊

谭文骏

钱 曼

贵溥健

王志铮

黄尤佳

李 阳

Freedom of action is always a nascent possibility
自由的行动,永远是一种不断萌发的可能性

关注公众号　　关注小红书